国家自然科学基金资助项目

《数书九章》研究

秦九韶治国思想

徐品方　张红　宁锐／著

科学出版社
北京

内 容 简 介

秦九韶是中国历史上最伟大的数学家之一，所著《数书九章》是宋元数学的巅峰之作，代表中世纪世界数学发展的最高水平。从另一角度来看，《数书九章》也是一部中国古代全面的、系统的、用数学帮助统治者治理国家的“管理学”或称为“管理数学”。从某种程度上说，它也是一部中国古代较早的经济数学著作。本书根据《数书九章》中的序文和数学问题的内容及其背景，初步论述了秦九韶用数学治国的思想，这是研究《数书九章》的一个重大发现与突破，填补了研究的空白。

本书适合人文科学史工作者，文化与数学史工作者及对数学感兴趣的、具有中等文化知识以上的读者阅读。

图书在版编目（CIP）数据

《数书九章》研究：秦九韶治国思想/徐品方，张红，宁锐著．—北京：科学出版社，2016.1

ISBN 978-7-03-045973-2

I.①数… Ⅱ.①徐… ②张… ③宁… Ⅲ.①古典数学-中国-南宋 ②《数书九章》-研究 Ⅳ.①O112

中国版本图书馆CIP数据核字（2015）第242892号

责任编辑：侯俊琳　田慧莹　刘巧巧／责任校对：郑金红

责任印制：徐晓晨／封面设计：无极书装

编辑部电话：010-64035853

E-mail: houjunlin@mail.sciencep.com

科学出版社出版

北京东黄城根北街16号

邮政编码：100717

http://www.sciencep.com

北京凌奇印刷有限责任公司印刷

科学出版社发行　各地新华书店经销

*

2016年1月第　一　版　开本：720×1000　B5

2025年2月第六次印刷　印张：14

字数：210 000

定价：89.00元

（如有印装质量问题，我社负责调换）

秦九韶（1208—约 1267 年）
（摄于四川安岳秦九韶纪念馆）

前　言

南宋数学家秦九韶（1208—约 1267），是我国历史上伟大的数学家之一，也是当时世界上一位伟大的数学家。

秦九韶的《数书九章》（1247 年）是一部中国宋元数学的巅峰之作，标志着中世纪世界数学发展的最高水平。它是我国古代数学继《九章算术》（公元前 1 世纪）之后，又一部具有创造性成就的经典著作。比利时数学史家李倍始（U.Libbrecht）第一部用英文写的《十三世纪中国数学》的书，是一部《数书九章》研究专著。书中对这一时期的中国数学的各个方面以及在其他国家的传播和影响做了详细的讨论和比较，在卷首他“系统、全面地探讨了从《九章算术》开始直到宋元时代中国数学的一般特色、宋元时代数学家及他们的思想、秦九韶的一生，以及《数书九章》成书、版本以及历代研究历程”①。中国宋元数学曾经群星灿烂，如贾宪、刘益、杨辉、秦九韶、李冶、朱世杰等的成就，代表了中国古典数学的最高水平。

秦九韶生活的年代，是我国面临内忧外患的南宋时代。这个时代给中华民族心理上留下了巨大创伤，无数仁人志士奔走在救亡图存的民族抗争的血雨腥风之路上，创造出了悲壮却异常繁荣的华夏文明新的时代。正如著名史学家、国学家陈寅恪（1890—1969）先生所说：“华夏民族之文化，历数千载之演进，而造极于赵宋之世。”② 秦九韶就是在这样一个背景下，经历了动荡不安的曲折生活历程，创作出了《数

① 吴文俊主编，秦九韶与《数书九章》，北京：北京师范大学出版社，1987 年，第 467、468 页。

② 何兆泉，南宋名人与临安，杭州：杭州出版社，2010 年，“序言”。

书九章》这本伟大的著作，其成就达到了当时时代的巅峰。美国著名科学史家萨顿（C.Sarton，1884—1956）称赞秦九韶是“他那个民族、他那个时代，甚至所有时代中国最伟大的数学家之一”。2005年，牛津大学出版社出版了《数学史，从美索不达米亚到现代》一书，该书重点介绍的12位数学家中，秦九韶是唯一的中国人。英国广播公司（BBC）2008年制作播出的4集纪录片《BBC：数学的故事》中，秦九韶是唯一被提及的中国数学家。

《数书九章》是一部具有中国传统数学特征的学术专著，其中“大衍求一术”和“正负开方术”都达到了当时的最高数学水平。近现代国内外学者已经基本上研究清楚了《数书九章》中最主要的数学成就，肯定了它在数学发展进程中的独创性贡献。但是，《数书九章》不只谈数学，它还涉及自然现象、社会与经济生活，有些题材比《宋史·食货志》更为具体，更为翔实，范围很广泛，许多内容已成为后人了解南宋社会政治和经济生活的重要参考文献。

中国古代的数学著作大都与当时管理国家和社会经济有密切的关系。我们透过《数书九章》中数学问题的内容以及这些问题的背景，从另一角度来看，可以说这是一部中国古代更系统、更全面、更具体的用数学帮助统治者治理国家的“管理学”或称“管理数学”专著，或者从某种程度上又可以说它是一部中国古代较早的“经济数学”。我们似乎可以看到秦九韶要表达出符合他所在时代的报国之志，蕴含其间的是极其丰富的治国救国思想。可惜当时他的官职太低，又被人诽谤与状告，所以他的书没有及时刊行，数学成就及其数学治国思想无法被朝廷官员与专家学者所了解。

时至今日，查阅文献，关于秦九韶的数学治国思想研究甚少，甚至是一个空白，或许是其数学成果的光辉使得人们心无旁骛。徐品方（作者之一）于2007年在《自然辩证法通讯》上发表了《试论秦九韶系文中的治国纲领》一文（见附录1），本书沿着这一方向，将继续深入探讨这一问题，为丰富秦九韶作为数学家之外的另一面寻求答案，从而完善秦九韶在这个时代的形象。经过研究，我们终于从《数书九章》

正文中有了重大的发现与突破，即秦九韶全面的治国思想和方法。另外，我们也希望抛砖引玉，能够引起大家从文化的角度对秦九韶数学成就背后的精神世界给予更多的探讨。因为，在人类文明进程中，数学一直是一种主要的文化力量，数学的精神和方法一直影响着人们的生活和思想。

本书首先对秦九韶的生平及其重要年表作以简介，让大家对秦九韶个人的生活历程和发展阶段有比较完整的认识；然后对他所处的时代背景进行概述，突出秦九韶的思想根源；接着再以《数书九章》中的问题分析为主体，结合有关史实，具体分析秦九韶提出的治国思想和方法；最后再对秦九韶的主要成果进行简介；并附有《数书九章》原序与今译（见附录2），这是从总体上反映秦九韶思想的重要史料。另外，由于古代文字与今天不尽相同，阻碍了人们对书中丰富内容、独特体例、博大思想和精巧设计的具体了解，我们都将古文译为白话文，以扫清一般读者阅读的障碍，方便更多人“探隐知原”，走进秦九韶数学思想文化的世界。

秦九韶留给后人的数学巨著《数书九章》，好像授人玫瑰，手留余香。他的思想又好像良言一句三春暖，让我们拥抱他的数学菁华，共享其成。

三载时光，弹指而过！在本书出版之际，我们特别感谢国家自然科学基金委员会的资助（项目编号：11026006、11471232）、科学出版社的大力支持，以及四川师范大学数学与软件科学学院领导的关心与支持。

著　者

2014年12月定稿

于四川师范大学和四川西昌学院南校区

目　录

第一章　生平简介

我国南宋数学家秦九韶，字道古，嘉定元年（1208）[①] 三月出生于普州安岳（今四川安岳县）。嘉定十二年（1219），11 岁的秦九韶跟随为官的父亲秦季槱前往南宋首都临安（今浙江杭州）。14 岁开始在临安学习，“得访习于太史，又尝从隐君子受数学”，并“从李梅亭学习骈俪诗词”。宝庆元年（1225）六月，其父“知潼川（今四川三台县）府”，秦九韶同回故乡。大约在宝庆二年（1226）“秦九韶……，年十八在乡里为义兵首……性极机巧，星象、音律、算术以至营造等事，无不精究”（周密《癸辛杂识续集》卷下）。“绍定二年（1229）十月，秦九韶擢县尉。”（《郪县县志》卷八）秦九韶约 21 岁时，由义兵（似今民兵首领）转升为四川潼川府郪县县尉（地方治安官吏）。瑞平二年（1235）七月，“际时狄患，历岁遥塞，不自意全于矢石间”（《数书九章》自序），即在四川的秦九韶，遭遇蒙古军进犯四川，备受忧患。他无力抵抗，在嘉熙元年（1237）前后，带领“溃卒”离开四川东去。之后，在蕲州（今湖北蕲春）、和州（今安徽和县）先后任通判、地方最高行政长官等（刘克庄《后村先生大全集》卷八十一“缴秦九韶知临江军奏状”）。淳祐四年（1244）八月，以通直郎为建康（今江苏南京市）通判。淳祐四年“十一月丁母忧解官离任”（《景定建康志》卷二十四“官守志”）。淳祐七年（1247），秦九韶在为母守孝三年期间，撰写完成今称 20 万字的《数书九章》巨著。以后因仕途不顺，时而任职，时而无职待业。景定二年（1261）因派系斗争被贬到梅州（今广东梅县），约在咸淳三年（1267）卒于任所，享年 60 虚岁。

秦九韶年表[②]

嘉定元年（1208），0 岁。

三月，秦九韶生于普州安岳（今四川安岳）。

---

① 杨国选，秦九韶生年及任县尉考，中国科技史杂志，2008 年第 4 期。

② 本年代表是在钱宝琮、严敦杰、李迪等数学史前辈工作的基础上，经进一步研究而形成的。这里录自：徐品方、孔国平，中世纪数学泰斗秦九韶，北京：科学出版社，2007 年，第 277-280 页。

李迪认为[①]，嘉定十二年秦父“弃巴州时他约十二岁”。

嘉定十二年（1219）,11 岁。

其父秦季槱为巴州（今四川巴中）守，因兵变弃城。后到南京首都临安（今浙江杭州）为官，秦九韶随父前往。

嘉定十五年（1222）,14 岁。

秦九韶在临安学习，“得访习于太史，又尝从隐君子受数学”（《数书九章》自序），并“从李梅亭学骈俪诗词”（周密《癸辛杂识续集》卷下）。

宝庆元年（1225）,17 岁。

六月，秦季槱为“知潼川（今四川三台县）府”（《南宋馆阁续录》卷七），秦九韶随父到潼川。

秦九韶在潼川府下属的郪县为义兵首，协助县尉做治安工作。“义兵首”不入朝廷官阶（周密《癸辛杂识续集》卷下称“秦九韶……年十八在乡里为义兵首”）。

宝庆二年（1226），18 岁。

正月十二日，秦九韶随父到涪州（今重庆市涪陵）观赏石鱼，正值水浅，石鱼露天。他们在石鱼上刻石题词：“宝庆二年正月郡守李瑀公玉，新潼川守秦季槱宏父，季槱之子道古同来游。”（见《涪州石鱼文字所见录》，归安姚觐元、海昌钱保塘撰，咫进斋抄本，归安姚氏藏）。

绍定二年（1229），21 岁。

十月，秦九韶由义兵首升为郪县县尉，负责县内的治安（明嘉靖二十九年修《郪县志》称“绍定二年十月，秦九韶擢县尉”）。

瑞平二年（1235），27 岁。

在四川的秦九韶开始遭受蒙古军入侵之苦（《数书九章》自序称“际时狄患，历岁遥塞，不自意全于矢石间”）。

嘉熙元年（1237），29 岁。

潼川失守。秦九韶无力抵抗蒙古军入侵，带领“溃卒”离开四川。此后的几年，先后在蕲州（今湖北蕲春）、和州（今安徽和县）担任副职通判和州长官（刘克庄《后

① 注：李迪教授推算秦九韶出生年为 1207 年或 1209 年是比较接近的（见吴文俊主编《秦九韶与〈数书九章〉》，北京师范大学出版社，1987 年，第 27 页）。因 2007 年左右，据杨国选先生查到（宋）乔行简《孔山文集》（清刻本）卷十三，卷内有乔行简写于戊辰四月的《贺秦秘阁季槱得子》，此文为九韶满月而作，于是知秦九韶生于嘉定元年三月。

村先生大全集》卷八十一“缴秦九韶知临江军奏状”)。

淳祐四年(1244),36岁。

八月,秦九韶以通直郎为建康(今江苏南京)通判(《景定建康志》卷二十四“官守志”)。

十一月,因母亲去世,解官离任(依据同前)。

淳祐七年(1247),39岁。

在家守孝三年期间,完成《数书九章》。

陈振孙说:“《数术大略》九卷……秦九韶道古撰。”(《直斋录解题》卷十二“象玮类”)周密说:“秦九韶字道古……有奏稿及所述《数学大略》。”(《癸辛杂识续集》卷下)可见秦九韶于1247年写成的数学巨著原名“数术大略”,后称“数学大略”,明初《永乐大典》(1403—1408)改为《数学九章》,明末改为《数书九章》(约1616年),并沿用至今。

淳祐八年(1248),40岁。

秦九韶因历学方面的成就被推荐到朝廷,受到皇帝接见并有奏稿(周密《癸辛杂识续集》卷下)。

淳祐九年(1249),41岁。

陈振孙拜访秦九韶(陈振孙《直斋书录解题》卷十二)。

淳祐十年(1250),42岁。

秦九韶投吴潜(《癸辛杂识续集》卷下称“时吴履斋在鄞,亟往投之”),此后数年为吴潜幕僚。

宝祐二年(1254),46岁。

六月,出任沿江制置司参议官(《景定建康志》卷二十五“官守志二”)。

宝祐三年(1255),47岁。

秦九韶家居湖州(《癸辛杂识续》卷下)。

宝祐五年(1257),49岁。

秦九韶赴扬州拜谒贾似道(《癸辛杂识续集》卷下)。

宝祐六年(1258),50岁。

正月,秦九韶持贾似道手书,去长沙找李曾伯安置工作,不久出任琼州(今海南琼县)代理知州。为官三个多月后去职回家(刘克庄《后村先生大全集》

卷八十一）。

开庆元年（1259），51 岁。

秦九韶再次投靠吴潜，谋取官职（李迪《秦九韶传略》，见吴文俊主编《秦九韶与〈数书九章〉》）。是年，朝廷对秦九韶有两次任命，秋天拟命他去江南东路做官，冬天拟命他为司农寺丞，去平江（今江苏苏州）筹粮。但遭到刘克庄（1187—1267）等的坚决反对，“其命遂寝”，两项任命都被取消了（刘克庄《后村先生大全集》卷八十一“缴秦九韶之临江军奏状”）。

景定元年（1260），52 岁。

秦九韶知临江军。不久后因刘克庄等的反对而去职。十月，吴潜被贬于潮州，秦九韶在家谪居。

景定二年（1261），53 岁。

秦九韶出任梅州（今广东梅县）地方官（《癸辛杂识续集》卷下）。

咸淳三年（1267），59 岁。

秦九韶死于梅州（李迪《秦九韶传略》称秦九韶“大约死于咸淳中”。据钱宝琮、严敦杰等先生推测，秦九韶死时为 60 虚岁[①]）。

① 秦九韶卒年，至今我们未查实具体时间及其在梅州的情况。

第二章 时代背景

第一节 九韶印象

公元前 3 世纪，古希腊先后出现了数学家欧几里得（Euclid，公元前 325—公元前 265）、阿基米德（Archimedes，公元前 287—公元前 212）、阿波罗尼奥斯（Apollonius，约公元前 262—公元前 190），他们的成就标志了古典希腊数学的巅峰。在漫长的中世纪，数学的主角是中国、印度和阿拉伯数学。中国古典数学经历了三次发展高潮，历经两汉、魏晋南北朝时期，在宋元时期达到了顶峰，之后骤转衰落，到了 16 ～ 17 世纪，近代数学在欧洲蓬勃兴起，中国数学就明显落后了。我们可能知晓两汉时期的《九章算术》，也熟知魏晋南北朝时期的刘徽（约 225—295）、祖冲之父子，其实，宋元时期的贾宪、杨辉、秦九韶、李冶、朱世杰等的成就也能代表中国古典数学的最高水平。在历史的长河中，宋朝是中国古代数学的黄金时代。比利时数学史家李倍始所著《十三世纪的中国数学》对这一阶段的中国数学的各个方面以及在其他国家的传播和影响作了详细讨论和比较。中国这一时期的数学领域群星灿烂，南宋数学家秦九韶无疑是最为耀眼的一颗。

秦九韶出生于南宋普州安岳，即今四川安岳县，位于成渝之间的丘陵地带，盛产柠檬，也出产竹编，各代石刻也闻名于世。唐代名将程咬金、著名诗人贾岛曾就任于此，这里也是宋代理学家陈抟和现代作家刘心武的故乡。在经历了个人的动荡不安的曲折生活后，秦九韶创造出了《数书九章》这样伟大的著作，达到了时代的巅峰。

四川省安岳县现今已经成为纪念秦九韶的教育基地。2000 年，四川省安岳县政府在安岳县城郊圆觉洞风景区建成了气势恢宏的秦九韶纪念馆（图2-1），中国科学院院士路甬祥题写馆名，北京天文台原台长、中国科学院院士王绶琯与四川大学原校长、中国科学院院士刘应明为秦九韶汉白玉雕像（图2-2）揭幕，一些数学史家和数学教育专家，如王渝生教授、李迪教授、郭书春教授，以及四川师范大学的许清华教授、邓安邦教授参加了落成典礼并举行了学术研讨会议。安岳县不仅修建了如此宏大的纪念馆，而且以秦九韶为标志的文化元素在安岳县也非常丰富，比如，在安岳县的名人广场上、实验学校里都有秦九韶的雕像，甚至以安岳县的土特产红薯做出的苕粉也称为"九韶粉"，让秦九韶家喻户晓。

图2-1　四川省安岳县秦九韶纪念馆

图2-2　秦九韶纪念馆内的汉白玉雕像

秦九韶的父亲秦季槱中过进士，曾任巴州地方长官。1219年，巴州发生了一起兵变，促使其离开故乡，调任首都临安，全家住在西溪河畔。他的父亲来临安后为官掌管图书，这使他有机会博览群书。九韶性极机巧，兴趣广泛，星象、乐律、算术、营造，无不精究；诗词、游戏、毬马、弓箭，莫不能知。秦九韶先后在四川、湖北、安徽、江苏、广东等地为官。1244年，秦九韶任建康府通判仅三月，因母丧解官离任，回浙江湖州守孝三年。在此期间，秦九韶专心致志研究数学，完成了20多万字的巨著——《数书九章》，名声大震，加上他在天文历法方面的丰富的知识和成就，受到皇帝宋理宗赵昀的召见。他在皇帝面前阐述自己的见解，并呈奏《数术大略》（后演变为《数学大略》，明代改为《数书九章》)。

经过近现代国内外学者的研究，已经充分肯定了秦九韶在数学发展进程中的独创性贡献和闪光的数学思想。《数书九章》是一部具有中国传统数学特征的学术专著，全书有序言，每章有序诗，共有八十一个问题，分为九章（类），每类九个问题，包括大衍类（一次同余式组求解）、天时类（历法推算和雨雪量的计算）、田域类（田地面积）、测望类（测量计算）、赋役类（田赋税收）、钱谷类（征购米粮与仓库容积）、营建类（建筑施工）、军旅类（兵营布置及军需供应）、市易类（商品交易及利息）。每题后有“术”说明解题的方法，有“草”说明演算的步骤，必要时还用图来表示。

如果说两汉的《九章算术》标志着中国古代数学理论体系的形成，那宋朝的《数书九章》则标志着中国古代数学的顶峰，其充分体现了中国古典数学构造性与机械化的特色。其中，最重要的成果无疑要数第一卷大衍类的“大衍总数术”和散见一些卷的“正负开方术”。古代中国对整数同余性质有深刻的认识，由“大衍总数术”总结而成的中国剩余定理，是中国人发现的最具世界性影响的定理，是中外任何一本基础数论教科书都不可或缺的。这种方法在近代数学中已被推广成非常一般的代数形式，但仍被称为“中国剩余定理”。该定理被广泛应用到密码学、数值分析里的多项式插值计算、哥德尔不完全性定理的证明，以及快速傅里叶变换理论等诸多领域。

“开方正负术”（秦九韶算法）给出了高次方程的数值解法。在世界数学史上，古典代数学的中心课题是方程论。中外方程的求解是沿着不同的方向发展的：西方数学关于高次方程的求解是沿着符号代数的途径，以寻求解的公式为目标的；而中国高次方程的求解研究致力于它的数值解法。秦九韶给出了一般高次代数方程正实根的解法，除常数项外，其余系数可正可负。此类方程求解原本需经 $n(n+1)/2$ 次乘法和 n 次加法，秦九韶将其转化为 n 个一次式的求解，只需 n 次乘法和 n 次加法，他并给出了最高十次的一个方程的例子。直到 19 世纪初，这一算法才被英国数学家霍纳（W. G. Homer, 1786—1837）发现，称霍纳算法，即便在计算机普及的今天，秦九韶（霍纳）算法仍有重要的意义。

此外，秦九韶还给出了“三斜求积术”，此系习惯称为海伦（Heron，公元62年左右，古希腊数学家）公式（已知三角形的三条边长求面积）的等价形式。这一几何领域的成就，填补了我国传统数学的空白，使海伦公式不专美于前。几何学发展的历史进程是先研究平面几何，后研究立体几何；平面几何先讨论定性，后分析定量。面积公式和勾股定理、出入相补原理已经构成了定量平面几何的基本公式。在第二章天时类，秦九韶给出了历法推算和雨雪量的计算方法。在南京北极阁气象博物馆秦九韶雕像旁边写着这样一句话：他用“平地得雨之数”量度雨水，是世界上最早为雨量测定奠定科学理论基础的科学家。

秦九韶在《数书九章》中提出了较为全面和丰富的治国主张，不难看出秦九韶的数学观、人生志向和为官之道，也显现了其拳拳报国之志。

一、秦九韶认识数学本质

在《数书九章》序言的开头，秦九韶便提到，周朝数学属于“六艺”（礼、乐、射、御、书、数）之一。学者和官员们历来重视、崇尚数学。人们因为要认识世界的规律，所以产生了数学。数学“大则通神明，顺性命”，即从大的方面说，数学可以认识自然，理解人生；“小则可以经世务，类万物”，即从小的方面说，数学可以经营事务，分类万物。秦九韶坚信，“信知夫物莫不有数也”，即世间万物都与数学相关，这与古希腊的毕达哥拉斯学派“世界本原，在于数学”不谋而合。

二、秦九韶关心国计民生，反对横征暴敛

秦九韶关心国计民生。除了第一章的“大衍类”外，其余八章的标题都来源于人们的生产生活实际，其中，第三章是关于土地面积测量的，序诗的开头是，“魁隗粒民，甄度四海”（译文：百姓虽小，当放首位；审时度势，以观世界）。 后来的几章先后涉及测量计算、田赋税收、粮谷容积、建筑施工、军需供应、交易利息等。

秦九韶反对横征暴敛。秦九韶主张仁政，在赋役一章序诗中他写道：“惟仁

隐民，犹已溺饥。赋役不均，宁得勿思。”（译文：当官的要施仁政，为民着想，设身处地，犹如自己挨饿受灾。如果赋税徭役分配不均，难道能让人心安理得吗？）在钱谷一章序诗中也有：“彼昧弗察，惨急烦刑。去理益远，吁嗟不仁。”（译文：那些愚蠢的统治者看不见人民的疾苦，急于敛财，还要对纳税人动用酷刑。这离公理越来越远，是为官者不仁不义。）

三、秦九韶主张抗金抗蒙

1236年，元兵攻入四川，嘉陵江流域战乱频繁，秦九韶不得不时常参与军事活动。在《数书九章》序言中，对这一段生活他也有所描述。可以看出，秦九韶有领兵打仗的才能。他在《数书九章》中特设“军旅类”一章，十分关心和重视军事问题，并从实际活动中发现了许多用数学方法来解决的军旅问题，如用到勾股、重差、开方等方法。设计的问题这样多，在中国传统数学中是罕见的。

四、《数书九章》涉及范围广

《数书九章》不只谈论数学，对他所处时代的社会经济做全面研究，涉及自然现象和社会生活，范围很广泛，兼及天文和气象、运输、水利、测量计算、赋税、货币、建筑、商业等方面。正如钱宝琮（1892—1974）说（大意）：“有些题材比《宋史·食货志》更为具体，更为翔实。已成为后人了解南宋社会政治和经济生活的重要参考文献。中国古代数学著作上至《九章算术》，下到《算法统宗》，大都与当时社会经济有密切关系，只是《数书九章》更为突出。”透过数学问题以及这些问题的背景，从某种程度上可以说《数书九章》是一部中国古代成熟的经济数学著作，秦九韶是具有科学精神的数学家，也是一位关心百姓、主张仁政，支持抗金、抗蒙的正直官吏。笛卡儿说过“古典时代的数学与当代数学是多么的不同”，但是，在人类文明进程中，数学一直是一种主要的文化力量，数学的精神和方法一直影响着人们的思想和生活方式。

第二节 宋史概览

宋朝一直是被有些学者误解与低估的王朝。由于其政治与军事上的尴尬处境、在对峙与战争中的国事不振，历来有“大唐的太平盛世，宋代的积贫积弱”之说。如果去掉当代人反观历史的色彩，以更加理性、更加开放的态度去看待宋朝，注重社会史、文化史、思想史等因素的考察，宋代无疑是“中国历史上最伟大的时期”。陈寅恪说过：“华夏民族之文化，历数千载之演进，而造极于赵宋之世。”

历史上习惯把宋朝分为北宋（960—1127）和南宋（1127—1279）两个时期。北宋建都汴梁（今河南开封市），称为东京；南宋定都临安，叫做临安府。北宋灭亡以后，宋文化在南方地区继续蓬勃发展。907年，大唐帝国灭亡，接踵而来的就是在北方的广袤地区，各个割据政权相互混战，先后出现了后梁、后唐、后晋、后汉和后周五个王朝。与此同时，南方各地又陆续并存过十个较小的割据政权，这一时期，史称五代十国。在中国数千年的发展过程中，宋朝的开国皇帝赵匡胤（927—976）也是一位传奇的帝王。陈桥兵变、黄袍加身、兵不血刃、市不易肆，宋太祖赵匡胤结束分裂，建立了中央集权的王朝——宋朝。

相对宋朝来说，辽、夏、金已不再是周边附属的民族政权，而是成长为与之长期抗衡的少数民族王朝。金于1125年灭辽，同年大举出兵侵宋。1127年，金军又一次攻打开封，并掠去徽、钦二帝及大量财物，至此，北宋王朝宣告灭亡。北宋、辽朝灭亡后，西夏与金朝关系密切，后因明争暗斗矛盾激化，导致两败俱伤，蒙古六次入侵西夏，于1227年蒙古灭亡西夏。1127年，宋高宗赵构在临安重建宋朝，史称南宋，南宋王朝自建立以来，一直在金国的威胁之下。南宋王朝与蒙古联手，共同灭金。1234年，蒙宋联军灭金之后，南宋想借此收复被蒙古占去的土地，由于南宋一直没有强大的军事力量，虽出兵但未达到预期目的，反而成为蒙古南侵的借口。从1235年起，蒙军多次南侵，于1276年攻占南宋都城临安，南宋王朝走向了灭亡。

宋朝虽然是中国历史上疆域较小的中原王朝，但是它仍然还是当时的世界大国，它在经济、教育、科技、文化方面所达到的高度，在中国古代是空前的。

宋朝建立了“皇帝集权、官员分权，中央集权，地方分权”的皇帝、官僚政治体制，实现了中国古代社会内部阶级关系的一次重大调整，形成了新的社会阶级结构。其统治所达到的纵深严密的程度，是前朝难以比拟的。此后，中国历史上再也没有出现过地方严重分裂割据的局面。

第三节 重文轻武

宋太祖赵匡胤在建立宋朝之初，制定了一系列的政策方针。在军事方面，宋太祖以“杯酒释兵权”解除了大将对军队的控制，即功臣对皇权的威胁，使宋朝对军队有了完全的掌握权。另外，宋沿袭唐制，又在一定程度上削弱了各官的职权，使皇帝掌握的权力超过了历朝历代，从而使政权得到了一定程度的巩固。在经济方面，均田制彻底瓦解，租佃制普遍发展。一些城镇的功能由军事要邑发展为工商业城邑。由于商品经济的相对发展，宋朝时期出现了纸币——“交子”，又有“会子”“关子”等，对后世的币制影响很大。一些方面或地区已具有产生资本主义萌芽的社会条件。北宋初年的王小波、李顺起义提出了“均贫富”的主张，南宋初年的钟相、杨幺起义进一步提出了“等贵贱”的要求，中国古代农民起义由此进入到一个新阶段。

北宋初期，宋太祖赵匡胤就确立了“重文轻武”的基本国策，为了加强皇权专制，宋太祖把原来由武官任职的地方长官逐渐改由文官担任，并且沿用前朝通过科举考试的方法选拔大量文人参与管理国家。宋朝重视文治，读书应举的人比以前任何时候都多，“据统计，两宋300多年间，共取士约11万人，平均每年取士人数，皆数倍于唐、元、明、清各朝，且及第举人的待遇也非常优厚。”[①]学校教育的大发展，推动了南宋文化的普及和学术的繁荣。中央官学、地方官学、书院和私塾村校在南宋都获得了较大发展。两宋共有书院397所，其中，南宋占310所，约为北宋的4倍，著名的白鹿洞、衡州的石鼓、湖南州的岳麓、南京的应天府等书院，都是各派学者讲学的重要场所。为了适应科举的需要，私

① 邵士梅，蒋筱波编译，中国通史（卷二），西安：三秦出版社，2008年，第181页。

塾村校更是遍及城乡。学校教育的大发展，有力地推动了南宋文化的普及和学术繁荣。

宋朝是一个优礼儒士、重视科学文化的封建王朝。统治者礼遇士大夫，尊重知识，尊重人才，“恢儒右文”，“兴文教，抑武事”，传承了宋太祖的基本国策，最突出的表现就是不滥杀文人。“自太祖勒不杀士大夫之誓以诏子孙，终宋之世，文臣无殴刀之辟。”(王夫之《宋论·太祖》)又据旧题陆游(1125—1210)《避暑漫抄》引《秘史》称：宋太祖刻立誓碑，垂示嗣君，内容之一是“不得杀士大夫及上书言事人”。秦九韶也看到，当朝皇帝很少直接下令杀害知识分子。北宋中期，除提倡尊儒外，还要尊师尊道。在这种情况下，士大夫可以比较自由地向朝廷或官府建言献策，甚至批评朝政，直至指责当朝皇帝，纵有不当言辞，也不会招来杀身之祸，极少见秦始皇的“焚书坑儒”、明成祖朱棣滥杀文人的“诛十族”（一般朝代为“诛九族”），以及清朝的“文字狱”惨案和言论罪。所以，在这种君主开明、宽松的思想文化政策下，宋代的知识分子相对地受限较少，思想解放、学术活跃，敢于大胆提出改革创新的建议，学术争鸣、风气浓厚，出现了一些学术学派。例如，以王安石（1021—1086）为首，包括沈括（1031—1095）等的变法派和以司马光（1019—1086）为首的保守派。灿烂辉煌的宋代科学文化成为中世纪宋代文明的高峰。

第四节　科技文化

自秦始皇建立大一统的王朝以来，宋朝是存在时间较长的朝代（共319年），它在传承中华文明中作出了巨大贡献，钱钟书说过：“在中国文化史上有几个时代是一向相提并论的：文学就说‘唐宋’，绘画就说‘宋元’，学术思想就说‘汉宋’——都得数到宋代。”严复也指出，宋代对于现代中国人民族性和世界观的形成，有重大的影响。宋朝在经济文化、科学技术方面取得了突出成就，对后世的影响最为深远。唐诗是公认的古代诗歌发展的巅峰，但宋代文明胜过唐代文明的却有教育、经学、科技、史学、宋词和散文。中国古代科学技术发展史上最为辉煌的时期是宋朝，正如英国科学史家李约瑟（J. Needham，1900—1995）

所说："唐代是人文主义的，而宋代较着重科学技术方面……每当人们在中国的文献中查找一种具体的科技史料时，往往会发现它的焦点在宋代，在应用科学方面或纯粹科学方面都是如此。"闻名于世的中国古代四大发明中，指南针、印刷术和火药三项主要是在宋代得到应用和发展的，这一时期出现了世界最早的一台天文钟和世界著名的石刻天文图、地理图。一大批闻名千古的科技、文化精英与成就相继出现。

北宋科学家沈括的《梦溪笔谈》，内容极为丰富，包括天文、历法、数学、物理、化学、生物、地理、地质、医学、文学、史学、考古、音乐、艺术等共600余条。其中200来条属于科学技术方面，记载了他的许多发明、发现。《宋史》评价他说："博学善文，于天文、方志、律历、音乐、医药、卜算无所不通，皆有所论著。"英国科学史家李约瑟评价沈括是"中国科学史上的坐标"和"中国科技史上的里程碑"。沈括在《梦溪笔谈》中记载到："庆历中，有布衣毕升又为活版。"毕昇发明的胶泥活字排版印刷术，在当时印刷界反响很大，南宋文臣周必大用毕昇发明的活字印刷术刻印了自己的著作，成为历史记载中实际应用活字印刷的第一人。

宋代思想领域的重要大事，就是儒学更新与理学形成，当时的儒学极具创新精神，在疑古思潮中努力摆脱汉唐那种儒生的成见与偏说，可以大胆、自由地议论时政，阐述儒家经典的义理。南宋时理学最终形成，有以朱熹（1130—1200）为代表的主流派道学，以胡安国、胡宏、张栻为代表的湖湘学，以谯定、李焘、李石为代表的蜀学，以陆九渊为代表的心学。此外，浙东事功学派也在崛起，他们中有以叶適为代表的永嘉学派，以陈亮为代表的永康学派，以吕祖谦为代表的金华学派。各学派之间互争雄长，在宋理宗时期以前，呈现出一派欣欣向荣的景象。最后由程璟、朱熹等形成宋代理学，对儒、佛、道三教的融化整合起了重要作用。

程颢（1032—1085）和程颐（1033—1107）两兄弟是理学的重要代表者，他们为北宋的理学思想奠定了基础。其间经过弟子杨时、罗从彦、李侗的传承，到南宋朱熹集为大成。宋代理学思想以理为万事万物的本源，又称为天理，承认事物的变化，但认为这是理的神秘力量所致，还阐述了天人关系等问题，坚持天人相与的命题。在世界观上，宋代理学认为宇宙万物是由"理"和"气"

两个方面构成的，理先气后；在认识论上，朱熹比较重视精致的先验论、认识论，以格物致知为基本命题概念，讲求穷理。朱熹还把理推及人类社会历史，认为人们应当“去人欲，存天理”，朱熹学说的出现，标志着理学发展到了成熟的阶段。

秦九韶处在宋朝儒学更新与理学形成之期，这对他的人生观影响很大。他把儒家经典中的观点应用于数学研究中，并通过数学提出和设置他的施行仁政的治国主张与措施。因为，秦九韶对于儒家学派的重要继承人孟子所提出的仁政治国理念，他是支持、认同的。

第五节　数学大事

在近代化以前，数学的发展是分地域为中心发展的。河谷文明时期，数学发展是以四大文明地区（埃及、美索不达米亚、印度和中国）为中心的，这个时期的数学以初等算术为主体内容。公元前 3 世纪，世界数学中心无疑是以希腊数学为代表，形成了数学的演绎论证传统，这种传统在文艺复兴之后特别是 19 世纪以来经过现代复兴，一直影响至今，所谓现代数学正是在这个传统意义下的数学。然而数学的另一特色 —— 算法传统，却是在希腊传统湮没不彰的中世纪时期大放异彩。秦九韶的成果正是这个传统的典型。为了更好地理解秦九韶的成果在数学史上的时代意义，下面简要介绍这个时期几个地区的一些数学发展情况。

1．中国古典数学

中国古典数学，一般是指与西方数学合流之前我国独立发展的数学。中国古典数学历经两汉时期，以《九章算术》为代表；魏晋南北朝时期，以刘徽和祖冲之及其儿子祖暅的成果为代表；在宋元时期达到了顶峰，并以贾宪、杨辉、秦九韶、李冶、朱世杰等的成就为代表。我国古典数学以算法为特征，这种算法“不只是单纯的计算，而是为了解决一整类实际或科学问题而概括出来的、带一般性的计算方法”①。中国古典数学从《周髀算经》（公元前 2 世纪）起就形成了算

① 李文林，数学史概论（第三版），北京：高等教育出版社，2011 年，第 68 页。

法传统，到《九章算术》系统成形，经历刘徽和祖冲之的发展，隋唐的系统整理，最后到宋元时期达到中国古典数学的高峰，中国数学家们创造出大量结构复杂、应用广泛的算法。下面就主要介绍宋元时期我国一些主要的数学成果。

宋元时期的数学发展首先是高次方程数值求解，这是对《九章算术》的开方术的继承和发展。目前，有明确记载的高次方程开方法是贾宪开创的“增乘开方法”，这个方法是以一张“开方作法本源”图为基础的。该图也就是今天的二项式展开式系数表，常称为“贾宪三角”（见图 11-7），由于该表是被杨辉转录而流传于世的，因此过去曾称为“杨辉三角”。贾宪的方法，经过北宋学者刘益的发展，最后集大成者是秦九韶，即把增乘开方法推广到了高次方程的一般情形，称为“正负开方术”（详见本书第十一章第三节“正负开方”）。除此之外，秦九韶将我国《孙子算经》（4 世纪）中的“物不知数”问题的算法推广，系统地解决了一次同余方程组的一般算法，即“大衍总数术”，其中核心算法称为“大衍求一术”，这个算法也称为“中国剩余定理”（详见本书第十一章第二节“神奇大衍”）。由于天文观测和编制历法的需要，我国在东汉时期就产生了“内插法”计算，到了元代郭守敬、王恂编制成著名的《授时历》（1280 年）时已经有了三次函数的内插计算，最后由元代的朱世杰（13—14 世纪）得到了一般高次内插公式，称为“招差术”。朱世杰还得到了高阶等差级数求和公式，称为“垛积术”，以及多元高次联立方程组与消元解法，称为“四元术”。这些成果都是我国古典数学非常重要的创造。其中，“四元术”是在朱世杰之前另外一位重要数学家李冶（1192—1279）的“天元术”上的发展，这种列方程的方法与现代代数中的列方程的方法类似，反映了我国古典数学向符号化方向发展的进步，而这个方向是向近代数学过渡的一个重要特点。遗憾的是，我国古典数学在宋元之后骤转衰落，这种半符号化数学最终未能走向近代数学，而后来在 19 世纪我国引进西方微积分时仍然坚持了文字数学，影响了我国数学的发展。

2．印度古典数学

印度古典数学是具有东方算法传统数学的重要一支。印度数学的发展与宗教密切相关，有三个重要时期，其中最重要的是 5—12 世纪的悉檀多时期。印度数学对世界影响最大的可能是带有“0”号的印度十进制数码的发明，也就是今天所说的印度–阿拉伯数字系统。这个记数系统中最重要的数码是“0”，尽管在不同的文明记数系统中可以看到表示“空位”的0，但是把0作为数域中的一个数，能够参与运算的，也就是建立了关于0的运算法则，却通常是作为印度数学对世界的贡献。在悉檀多时期有三位重要的数学家——阿耶波多（Aryabhata，476—约550，又叫圣使）、婆罗摩笈多（Brahmagupta，598—665，又叫梵藏）、马哈维拉（Mahavira，9世纪）和婆什迦罗（Bhaskara Ⅱ，1114—约1185）等的著作中有关于0的运算法则的记述。除此之外，印度数学在三角学、不定方程等方面有重要贡献，如《阿耶波多历数书》（499年）中正弦表和丢番图方程求解的辗转相除的演算程序；7世纪的婆罗摩笈多给出了二次不定方程——佩尔方程的一种特殊解法，以及正弦差分表；12世纪的婆什伽罗则把婆罗摩笈多的算法改造成一般的算法。由于印度屡被其他民族征服，所以印度数学受外来文化影响较大，比如，除希腊天文数学外，也不排除受到中国古代数学的影响。

3．8—15世纪的阿拉伯数学

阿拉伯数学主要是指“8—15世纪阿拉伯帝国统治下的整个中亚和西亚地区的数学”①，而不是今天阿拉伯国家意义上的数学。阿拉伯地区处于中西文化交汇的地位，由于特殊的地理位置在世界文明史上，阿拉伯人在保存和传播希腊、印度甚至中国的文化，并为欧洲文艺复兴奠基起到了中枢纽带的作用。这一过程中，阿拉伯数学也有重要的发展。阿拉伯数学的成就主要体现在代数和高次方程求解问题上。8、9世纪之交的阿尔·花拉子米（Al-khowarizmi，约780—850）是这个时期对欧洲影响最大的中世纪阿拉伯数学家。他的《还原与对消计算概要》（常称《代数学》）开启了数学的代数化之路。代数与算术最重要的区别在于前者是以运算法则为基础，未知数可以参与运算的解方程的一般方法，而后者是以类型问题的算法为基础，未知数值作为最后结果的算法。无论是中国数学还是印度数学在解方程方面更多的是算术意义上的算法，而非基于运算法则的方程一般解法。花拉子米的这部著作传到欧洲，作为标准数学教科书使用了数百年，引导了16世纪意大利代数方程求解方面的突破。除此之外，11世

① 李文林，数学史概论（第三版），北京：高等教育出版社，2011年，第114页。

纪著名的阿拉伯数学家奥马·海亚姆（Omar khayyam，约 1048—1131）发明了用圆锥曲线来解三次方程的方法；13 世纪的阿尔·卡西（Al-Kashi，?—1429）给出了开高次方程的一般性算法和类似贾宪三角的二项式系数表。阿拉伯数学还在三角形方面有诸多贡献，并对希腊几何进行了翻译和保存，并传给了欧洲。

4. 中世纪的欧洲数学

中世纪的欧洲数学处于历史的低谷时期。5—11 世纪，天主教是欧洲社会的绝对势力，是欧洲历史上科学文化最为黑暗的时期。直到 12 世纪，通过翻译，欧洲数学才开始有了复苏的迹象。在复苏的过程中，除了大量翻译从阿拉伯传来的数学著作之外，最有影响的就是斐波那契（L. Fibonacci，1170—1250）的《算经》（1202 年），又译作《算盘书》。这部数学著作汇集了古代中国、印度和希腊的问题和算法，特别是系统地介绍了印度-阿拉伯数字系统，其中“斐波那契数列”问题是最重要的数学成果。这部著作对改变欧洲数学产生了很大的影响。

上述几个地区是中世纪数学的主流，除此之外，美洲、非洲和太平洋等地区的数学也有一定的发展。由于交流不畅和历史发掘不够的原因，对这些地方的数学发展了解尚少。

第六节　中 外 交 流

宋朝时期，虽然整个朝代都充满了与北方少数民族政权的征战，但是仍然创造了华夏文明的高峰，并且全面领先于当时的世界。中国的汉文化以其丰富的内涵和巨大的活力向世界各地扩散。除了当时北方少数民族通过战争直接接触到汉文化，并在一定程度上通过汉化实现民族崛起之外，其余地区主要是通过当时中国与世界各国往来实现汉文化的传播和影响的。汉文化的扩散，不仅对亚洲各国，特别是东南亚地区的文化兴盛做出了重要贡献，而且对欧洲文明的发展也产生了深远的影响。当然，在交往中，华夏文化与外来文化之间的相互交融，特别是通过宗教文化与西方文化的碰撞，其他地区的文化和文明也成为宋元文化发展的重要源泉。

一、传播途径

自唐代开始，我国就开始以开放包容的心态与世界文化交流。除了陆地上的丝绸之路之外，通过海洋也有很多国外的使者、探险家来华，促进了华夏汉文化与世界文化的交流。交流的主要途径有以下五种：

1．使节往来

宋代与周边国家外交关系活跃，中外之间使节往来十分频繁。比如，北宋与高丽（今朝鲜）之间的使节往来 80 多次；越南与宋朝使节往来更是频繁，越南南部和北方先后向宋朝遣使纳贡 100 余次；宋朝还与南洋群岛和西亚地区的国家遣使往来。

2．僧侣传教

自唐代开始，中国就激发了对宗教的巨大热情，一些僧人远赴异域取经，一些欧洲传教士也往来中国，络绎不绝。我国古典名著《西游记》讲的就是以唐代玄奘去印度取经为原型的故事。宋元时期，各种宗教文化非常发达，不仅有儒、释、道等宗教的共存与相互竞争，而且在此基础上，也产生了各种新的宗教。通过取经或西方传教士来华传教，与宗教相关的文化成果得到了广泛传播，又通过中国传播到东南亚地区。各种宗教思想也被当时的汉文化吸收和改造，促进了当时的理学的发展。

3．商贸活动

宋朝时期，我国中原地区科技生产发达、物产丰富，对外商贸活动非常发达。北宋期间，就有 103 批 3169 名商人前往高丽从事贸易活动①；南宋时期，中国的商贸中心转移到南方，中国与日本的商贸非常活跃。这些商贸活动，不仅

① 杨昭全，中朝关系史论文集，北京：世界知识出版社，1988 年，第 59 页，转引自：王育济等著，中国文化发展史（宋元卷），济南：山东教育出版社，2013 年，第 490 页。

把我国的丝绸、瓷器、茶叶等源源不断地输送到世界各地，而且伴随商品的流通，文化书籍也在流通。

4. 战争

宋朝时期，中国面临的威胁主要是来自北方，通过与夏、辽、金、蒙的征战，客观上促进了物质文化交流。由于文化上北方少数民族落后于中原地区，北方少数民族征服了中原地区之后，在一定程度上受到了汉文化的汉化，同时由于少数民族的文化渗入，也在一定程度上刺激了汉文化的改造与发展。

5. 移民

北宋被金国灭亡以后，中国的政治文化中心就转移到了南方。由于受儒家正统文化观念的影响，北方很多汉族人逃难到了南方，而南宋又采取了开放的政策，形成了以临安为中心的商业中心。另外，向南亚通过航海的探险，也有很多华人移民到南亚地区。这些移民浪潮，客观上促进了技术和文化的交流。

二、传播内容

1. 社会思想和政治文化的传播

宋代的文化主要是向如日本和朝鲜、越南等东南亚国家传播。唐朝时期，中国封建社会的政治管理制度就非常成熟，宋代统治者对传统社会政治文化进行了传承和改造，形成了稳定的汉民族习俗和意识观念，在宋朝都达到了前所未有的高峰。因此，宋代的社会思想和政治文化向东南亚国家传播，对各国的律令制度、思想意识、宗教文化、科学技术、文学艺术、生活习俗都产生了深刻的影响。比如，朝鲜高丽王朝的政治制度完全以唐宋制度为蓝本建立，儒学思想在朝鲜广泛传播；中国与日本之间的交流主要通过僧侣和商人。通过宗教的传播，程朱理学在 13 世纪中期传入日本；与之相应，宋朝的先进科学技术和文学艺术也传播到了日本。由于空间距离和文化的差异，宋元文化对东南亚各国影响各有差异，越南深受汉文化的影响，不仅影响其制度，而且越南也十分推崇儒学。

2．工农业产品对外流通

宋朝虽然与北方政权时有战争，但内部相对稳定，工商业发达。北宋与辽国签订“檀渊之盟”后，就长期对辽国纳贡，但同时也开放了两国边境，进行了活跃的商贸活动。南宋时期，中国更是与日本和东南亚地区，通过海商远洋航行，使以丝绸和瓷器为代表的宋朝商品对外贸易非常活跃，客观上促进了当地的物质生活和社会发展。

3．以火药、指南针、印刷术为代表的先进科学技术的传播

10—14 世纪，西方文明的发展还处于消沉和低落的阶段，从宋代开始，直到元代，都是以中国向外输出先进的科学技术为主。这些技术发明传入欧洲之后，对欧洲社会产生了强烈的震动，成为欧洲社会发展的强大动力。正如英国著名哲学家培根于 1620 年在其著作《新工具》中所说：“（活字印刷、火药、指南针）这三种发明已经在世界范围内把事物的全部面貌和情况都改变了。”①

当然，在交流过程中，中国文化也受到了外域文化的影响。比如，在数学方面，宋元数学的高峰形成，与阿拉伯数学的传入有一定的联系；在天文历法方面，阿拉伯的天文学家进入中国，对中国的历法修订、天文观测有一定的影响；在医学方面，中国对外商贸中，从西亚地区引进各种药物达七八十种之多；在建筑学方面，阿拉伯人来到中国经商或定居，将伊斯兰教的建筑技术传入中国；等等。

从以上几个方面来看，秦九韶所生活的宋代，一方面是以汉民族为主体的中原政权受到外部侵略，不断被瓦解压缩最后灭亡的过程；另一方面又是汉民族思想文化急剧发展、科学技术兴旺发达、对外交流活跃、影响力不断扩大的过程。这一过程中，汉民族人才辈出，人们一方面侵染着爱国救国的思想文化，不断探索救国之路；另一方面又不断反思、创造革新，在社会、文化和科学的各个层面都掀起了发展高潮。

① （英）培根，新工具，北京：商务印书馆，1984 年，第 103 页，转引自：王育济等著，中国文化发展史（宋元卷），济南：山东教育出版社，2013 年，第 514 页。

第三章　治国总纲

秦九韶在《数书九章》自序的“且系之曰”（即用诗总结每一章内容的系文。本书简称“系文”）中，用押韵的古体四言诗写成 9 段（章）共 136 句的系文（见附录 2），一般认为是该书（共 9 章）各章的内容的纲要。但是“读书须用意，一字值千金”，纵观 136 句，认真研读、仔细推敲，我们发现，136 句四言诗中只有 32 句（占系文 24%）是关于大衍类、测望类的数学问题，而其他的 104 句（占系文 76 %），则是表达秦九韶对社会、国家、家庭等的看法。从这一角度来看，著者把“系文”看成是秦九韶数学治国思想的总纲，而书中的 81 个数学问题则是实行治国主张的具体措施。

秦九韶的系文和书中的数学题名，都是用四言诗句写成的，对仗押韵，具有很高的文学性和艺术性，在我国古代数学著作的百花苑中独具异彩。但是，由于古体诗文难懂，加之长期把秦九韶视作数学家，所以秦九韶的救国治国思想长期以来没有进入科学史工作者的视线，相关研究甚少。在我们能读到的所有介绍、评价他的文献中几乎没有专题研究秦九韶的治国思想的，缺失了秦九韶和《数书九章》更加丰富的内涵，也因此缺失了在数学史书特别是数学史教科书中更丰富的教育内涵。本书则力图填补这一科研课题的空白。

本书专门研究秦九韶全面的、系统的治国主张及其治国思想。本章首先研讨他的治国总纲。

秦九韶在《数书九章》系文“述营建第七”中提出了他的两条治国总纲领：

惟武图功，惟俭昭德。
有国有家，兹焉取则。

意思是说，唯有用武力抵御外患才能夺取战功，唯有勤俭节约才能昭示美德、生财积德。有国家的太平，才有家庭的安全。这两条就是秦九韶的治国基本纲领。

第一节　尚武强军

管子讲过“治国之道,必先富民”,后来司马迁的《史记》把这两句改写成“治国之道，富民为始”。显然，这两位古代哲人认为管理或统治一个国家，最起码的基本条件是使人民过上富裕的生活。但是，在秦九韶所处的南宋末期的时代，国家处于外辱内患，政治腐败。秦九韶作为一名国家基层的小官，对社稷岌岌可危的时局和老百姓的苦难都有深切的感受，因此他的思想出发点是：民要富，基础是国强。因此，秦九韶提出治国之道第一条是“惟武图功，惟俭昭德。有国有家，兹焉取则”，实质上是“尚武强军，崇俭立家。”

秦九韶为什么主张强军呢？因为秦九韶知道，宋代建国之初，结束了五代十国的分裂局面，继汉、唐之后又是一个繁荣的中央集权的封建帝国，即军、政、财权集中于中央。

于 960 年即位的北宋皇帝赵匡胤和 976 年继位的宋太宗赵光义，在过去分裂战乱之后，为了休养生息，他们采取了一系列恢复生产、繁荣经济的措施，如流民归业、奖励开垦土地、兴修水利、改良农业、提高耕作技术等，以调动农民生产的积极性，手工业和商业也随之发展、繁荣。因此，宋代社会经济、政治、思想、科学技术、教育和对外交流高度发达，可谓国富民富。但是，秦九韶认识到，在宋朝初“兴文教，抑武事”的基本国策的思想指导下，由于轻视国防建设，宋朝富国不强军，先后受到辽国、金国和蒙古军的多次入侵，致使宋朝多次战败，每次战败就纳贡银绢，割让土地赔偿给战胜者。因此，秦九韶的治国总纲加上了“惟武图功”，即强军强兵的主张。

秦九韶尚武强军的观点，也跟他身处南宋时的外族入侵、战乱不断的亲身体验大有关联，这使他认识到一个国家的国防，是关系到国泰民安的根本，是国家政治稳定、经济发展和人民安居乐业的国计民生的保障。

因此,秦九韶将尚武强军看得很重。在系文中把“武”放在“俭”之前,并且,他强军的具体主张和措施，列为该书的第八章“军旅类”，全面而系统地进行了阐述,这也是任何一本他之前的我国古代数学典籍中没有的。本书将在第十章“国防建设”中做具体研究。

第二节　惟俭治国

“俭”指节俭或俭省，也就是勤劳节约，不奢侈浪费。孔子说“政在节财”，《谭子》载“奢者富不足，俭者贫有余”[①]，表明勤俭节约可致富。

秦九韶的“惟俭昭德”的观点，与晚唐诗人李商隐（813—858）《咏史》的观点一致，“历览前贤国与家，成由勤俭破（败）由奢”。没有节俭，则德将不昭，正如三国政治军事家诸葛亮（181—234）说：“静以修身，俭以养德。”北宋哲学家、理学家程颐说：“节俭朴素，人之美德。”这些观点表明，没有节俭的基本美德，既不能国富与保国，更无法持家致富。

节俭的对立面是奢侈。《论语·述而》载“奢则不逊，俭则固”；北宋文学家范纯仁（1027—1101）说：“惟俭可以助廉。”一位哲人说得更清楚：“奢侈的必然后果，风化的解体；反过来又引起了趣味的腐化。”因此，“奢侈之费，甚于天灾”（《晋书》）。

我们可以说，过度地追求奢侈豪华，可以使国家贫困甚至衰败；节俭（含不浪费）之美德，是国家富强和人民安康的基本保障之一。

以上古人这些节俭观点，对于秦九韶的“惟俭昭德”的思想是有影响的。

事实上，很早的时候，我国古书对于节俭的重要性早有记载，读过《周易》的秦九韶（从他书的序第一章“大衍类”第1题内容可知），受到《周易·下经》“节卦”内容的影响，节卦中对于节制说有三种态度：

第一种态度是“甘节之吉，居位中也”。大意说，甘美愉快的节俭，中正的德行（如以身作则，节制自己的欲望；倡导于先，才能使人乐于接受节俭等），甘节吉祥，是人间的正道。因此，“甘节”的结果是“甘节，吉；往有尚”，大意是甘于节俭，前途美好，会受到人们的赞赏。

第二种态度是“安节之亨，承上道也”。大意说，心安理得的节俭带来亨通（即顺利）是顺利承尊上之道，亦是顺应自然而节制的道理，不可勉强。这种态度虽不及“甘节”，但安于节俭，不追求奢侈豪华，结果是“安节，亨”（意为安于节俭，顺利）。

---

① 薛进官等编，名言大观，北京：文化艺术出版社，1983年，第42-43页。

第三种态度是“苦节，贞凶，其道穷也”。大意说，过分使人痛苦的节俭，若一直如此，就有凶险，在道理上就行不通了，因为他的路已走到尽头了，结果是“苦节，贞凶，悔亡”。意思是说过度节俭，一直如此，将来是不幸的，有凶险，将来会失去生活的乐趣，悔恨不已。因此，应知悔改，凶险才会消失。

总之，“不节若，则嗟若，无咎（《易经》）”。意思是说，不懂得节制或者意志薄弱，不能节俭，结果必定陷于穷困，落到愁眉苦脸、唉声叹气的地步，自取其咎。

所以，节俭是很重要的，我们的态度应首先甘节，次之安节，但不可苦节。一句话，适度节俭是美德，过于节俭是吝啬。

以上古人关于节俭的思想，今天仍闪耀着不可泯灭的光辉，值得人们借鉴。

此外，秦九韶知道历史上的皇宫贵族和将相大臣中，不乏奢侈无度、不节俭者。例如，北宋宋徽宗（1100—1125 在位）时期的奸相蔡京（1047—1126）就是宋朝典型的挥霍财物无度的代表之一，袁腾飞在《百家讲坛》主讲“两宋风云”（载《中国电视报》2009 年 7 月 23 日）时说：蔡京很早就中了进士，曾和他弟弟蔡卞（1058—1117）担任朝中的中书舍人。蔡京讨好宋徽宗皇帝，得到赏识，后来当上了宰相，大奸大恶的本质暴露出来了，无恶不作，挥霍无度。“他爱吃两种东西：鹌鹑羹和蟹黄包子，一顿饭就杀掉 300 只鹌鹑，一顿蟹黄包子要花 1300 贯钱，相当于 50 户中产阶级一年的生活费。”并且，“把中国历史上主张节俭的皇帝，一概斥之为陋”。

蔡京不仅自己大肆挥霍，他还给皇帝的奢侈无度找出理论依据，如他取《易经》中的三句话“丰，亨”（有书说“亨”与“享”有时通用）、“丰，大也”和“豫，利建侯行师”（大意是说，以人事比拟，乐于追随行动，必然可以建立公侯的基业，有利于用兵）。蔡京从中提炼出一个理论“丰，亨，豫，大”，大意是乐于分享拥有的丰富财富。“也就是太平时节皇上要敢花钱，花钱越多证明国家实力越雄厚，能够震慑番邦。”（引自“两宋风云”）。在《中国历史大词典》（宋史）也提到蔡京“创‘丰，亨，豫，大’之说，挥霍国帑（音躺 tǎng，指国库钱财），大兴土木，劳民伤财，毒被全国”（上海辞书出版社，1984 年第 497 页）。

当然，秦九韶也知道，中国历史上也有节俭的皇帝，例如，宋高宗赵构（1127 － 1162 年在位）。袁腾飞在《百家讲坛》主讲“两宋风云”（载《中国电视报》2009 年 9 月 3 日）时说：宋高宗是位节约的君主，不铺张浪费，不奢侈豪华，如对于饮食，只吃素食，平时吃青菜、豆腐，就是御宴，自己也只吃素菜，以节省国用；在住的方面，不讲豪华，他住的皇宫只有 10 多间像样的大殿，而且常常要一殿多用，每当有不同的大典，大殿就要更换匾牌，非常简陋。宋高宗不仅对自己节俭，要求臣子也节俭，赏赐时常常开白条，上面写道：马半匹，公服半领，金条半条，汗衫半领，裤一只。

宋高宗做了 36 年的皇帝后禅位，又做了 25 年的太上皇，活到 81 岁时去世，他的长寿也许与他主张节俭有关。

本质上讲，从历史来看，统治者的艰苦奋斗、勤劳节俭关系到政权的稳固与江山的得失重大问题，它不仅是一般的经济问题。因为今人总结历史上正反例证，得出以下几个结论："一是如果执政者不节俭，大量的耗费从哪里来？只能往人民群众身上加税，它就必然加深执政者与人民群众的矛盾；二是执政者没有艰苦奋斗的精神，一心追求纸醉金迷、花天酒地的生活，就不能励精图治，解决社会经济发展中存在的问题，使社会矛盾越积越深；三是无论什么时期，财力和资源都是有限的，执政者多占，人民群众就必然少占。这些都会使执政者失去人心，从而失去江山。"（摘引自黄铁苗在《学习时报》上的撰文，2012 年 2 月 27 日）

节俭美德，在古今的富人、名人、官吏中也有，尽管不多，但值得记取。例如，近代中国赫赫有名的清末湘军首领曾国藩（1811—1872）曾对抗过太平天国革命，阻击太平军，但他也参与创办过江南制造局、福建马尾船政局等军事工业。他的次子曾纪鸿（1843—1877）在研究古代数学方面取得了相当的成就。不论怎么评价曾国藩，但他在对子女教育节俭方面，值得学习。例如，他写了"谕儿妇侄妇满女"（即告诫儿媳妇、侄媳妇和女儿的家训）的四句话。在四句诗的前面有这样的话："吾家男子'看'、'读'、'写'、'作'四字缺一不可，妇女于'衣'、'食'、'粗'、'细'四字缺一不可。"四句诗[①]是：

家勤则兴，人勤则健。
能勤能俭，永不贫贱。

① 赵忠心，古今名人教子诗词，武汉：湖北教育出版社，1997 年，第 159 页。

诗中的“兴”指兴旺发达；“健”指身体健康。

综上所述，秦九韶的治国总纲中，把“惟俭昭德”作为治国之道之一是有其道理的。因此，尚武崇俭构成了秦九韶的两条治国的基本纲领。

在历史的长河中，各朝各代的政治家，提出治国主张的不乏其人，他们都从政治家的眼光出发，提出过许许多多的治国主张。例如，生于战国的卫国人商鞅（约公元前390—前338）是著名的政治家，“商鞅变法”得到了秦孝公的赞赏与接受，使秦国因此而富国强盛，为秦始皇统一中国打下了坚实的基础。此外，商鞅还提出了一套很好的治国主张，如他提出的“强国知十三数：境内仓、口府之数（指国家粮仓和钱库之数），壮男、壮女之数。老、弱之数，官、士之数，以言说取食者（指脑力劳动者）之数，利民之数，马、牛刍藁（指牲畜的草料）之数”等十三项事物的统计数字，以便制订计划，增加生产，发展经济，使其国家富强。显然，历朝历代进行农牧业统计、人口普查等措施，是强国之举措之一。但是，历史上全面而系统地从数学角度出发，提出安邦兴国、用数学管理国家的治国主张及其措施，在秦九韶以前的古代数学书中很少有论述。因此，统观秦九韶《数书九章》的内容中，提出用数学管理国家的治国之道（即富国、富民和强军的思想）是值得研究的，古代这样的数学家在中国数学史上是罕见的。因此，本书最早提出研究是有意义和价值的。

秦九韶《数书九章》中具体的数学治国主张的内容及其措施，我们将在以后各章节中进行分析、论述。

第四章　施行仁政

仁政，《现代汉语词典》解释为“仁慈的政治措施”。显然，“仁政”是指统治者对所统治的普通老百姓的宽厚、仁慈的政治措施。具体地说，“仁政”就是执政者从政治、经济和文化等方面对人民富有同情心，真心地关怀、爱护和帮助自己的臣民，实施仁爱慈善的各种措施。

本章主要研究我国儒家学派的仁政思想与仁政产生、施仁政难和秦九韶的仁政主张。

第一节　仁政来源

春秋战国时期（公元前 770—前 221），群雄割据，战乱纷纷，生灵涂炭，正如汉代刘向在《战国策》中描述当时战乱频发的情形：“并大兼小，暴师经岁，流血满野。”各诸侯国君和知识分子都在试图寻求一种更好的治国方法，以富国富民，统一天下。他们相信一条历史规律：天下大乱必然天下大治。

春秋战国时期，也正是百家争鸣的学术风气盛行时期，是知识分子自由表达见解的黄金年代。儒家学派主要代表人物孟子（前 370—前 289）继承和发扬儒家学派创始人孔子（前 551—前 479）的“仁学”和“德治”等理论，首先提出了施行仁政治国的理想，主张“法先王”的思想，孟子认为这是一条治世之道、治国之法。

秦九韶知道，孔子的“仁学”精髓，“仁”就是爱，即爱人，就是以人为本，尊重人的生存权、发展权的民权的仁爱之心。正如孔子说：“己欲立而立人，己欲达而达人，能近取譬，可谓仁之方也。”显然，这是一种将心比心、设身处地、推己及人的心理能力，这就是孔子的“仁”。

秦九韶从小就学习儒家经典，在他步入仕途和与人交往中，身边就有很多儒家学者或有儒学背景的文人学士。因此，他身处在儒家学派文化氛围中，儒家学派的思想成为他心灵思想、学识情感的不可分割的重要组成部分，特别是孔孟（实质上是儒家学派）的仁政学说的思想与施仁政的主张，对秦九韶的影响很大。

秦九韶也知道，儒家学派的核心思想是“仁义”，亦即“孔孟之道”（孔子讲仁，即爱人；孟子讲义，即羞恶之心，自己或别人做了不道德的事，自己会羞愧或批判别人），而“仁”的方法论是中庸。孔子的孙子子思在《中庸》中说：“中也者，天下之本也。”这里的“本”指根本。这句话的意思是“中庸之道，天下大本”。那么什么是中庸？宋代理学家程颐曾说：“不偏谓之中，不易谓之庸，中者，天下之正道。庸者，天下之定理。”显然，“中庸”的“中”字，就是不偏，在中间；“庸”就是不改变，即正道和定理（或根本）是不能改变的，这就是中庸，亦是中庸之道。

因此，我们理解“中庸”的基本精神就是不走极端，走的是“执其两端，用其中也”的道路，遵循正道和规律。它不是现代人误解的“中间道路”或“和稀泥”。所以，中庸之道体现了公正、务实、协调的思想，也是建立和谐社会、和谐世界的必经之路，符合科学发展的观点。

以上可知，“仁义”是儒家思想的核心内容，亦是儒家哲学的基石，这一思想贯穿古代的政治、经济、教育、伦理、文化等各个方面，尤其是做人（包括统治者）。后来的《庄子·天地》中也有“爱人利物之谓仁”之说。

孟子提出的以仁政治国的思想，包含了孔子的治世之道——“德治”或“德政”。人们常说“半部《论语》治天下”，而《论语》的治世理念就是德治或德政，强调人的道德自觉，即以道德礼乐维系和谐社会，这是孔子的理想社会。

孔子对德治的理想曾说过这样的话：“道之以德，齐之以礼，有耻且格。”大意说，如果我们用道德来引导人民，用礼仪来规范约束人民，人民就会树立以犯罪为耻辱的观念，主动自觉地去端正自己的行为，能够遵守正道之大礼。

所以，孟子根据儒学的根本智慧——“以人为本（仁爱），以道德为核心（德政）”，提出并产生了初步的“仁政的理想”的治国理论和方法。儒家的这些思想对秦九韶的影响很大，成为他治国主张的思想来源之一，为官时他身体力行，并用文字记载在《数书九章》里，闪烁出爱国、爱民的光芒。

第二节 施仁政难

孟子（实质上是儒家学派）的仁政学说的理想，是从人性出发，以人的需求为出发点的强国富民之道。施行仁政的内容和要求就是把老百姓的需求和利益放在第一位，持续发展国家经济，使百姓安居乐业、丰衣足食，构建一个和谐社会。因此，施行仁政虽然是理想，但是其内容是具体的，不是空泛的。孟子主张仁者无敌，只有实行仁政才能天下无敌。

可是，秦九韶知道，历代许多国君，不去坚持实践仁政的理想，台湾大学教授傅佩荣在《百家讲坛》主讲“孟子的智慧”（载《中国电视报》2009年6月25日）时说：“主要有三方面的原因：首先，孟子的仁政是建立在经济条件上的，让老百姓耕者有其田，可以通过自己的努力养家糊口；其次，有恒产才有恒心，孟子强调要让每个人都有固定的产业；最后，要有好的人伦教育，要好好办学校。”

关于办好教育的问题，孟子讲的教育与今天的教育不同，他说的教育是教给孩子为人处世的道理，不是现代教育主要交给学生文化知识。孟子认为，“饱食暖衣，逸居而无教，则近于禽兽”（大意说，即使吃饱穿暖，生活安逸，但没有进行教育，则与禽兽差不多）；孟子主张人伦教育（指父子亲情、君臣道义、夫妇内外有别、尊长爱幼、朋友的诚信，古称“五伦”教育）。

古代推行仁政，并不是一帆风顺、轻易就能做好的。君主常常关心推行仁政，能给自己国家带来哪些好处，有效果吗？对于这个问题，孟子用“孔孟之道”的核心思想仁义学说，进行说服国君们。“仁”爱人民，真诚为民办事；“义”，要有羞恶之心，严己律人，荣辱与共，遏制丑恶。所以，孟子力图告诉国君们，仁义之说是有好处和效果的。“在乱世，仁义是最大的利益，可以事半功倍，仁者无敌。”同时，孟子告诉国君们还应该推行王道，即仁义之道。今人研究认为，“首先，孟子强调的王道让人心悦诚服，国君应该推行王道，不要追求霸道，推行王道是仁政的延伸；其次，孟子指出仁政的原则是与民偕乐，推己及人，不要把老百姓作为对立的一方，不能忽略百姓的需要，必须把百姓的疾苦放在首位”（引自《百家讲坛》“孟子的智慧”）。

孟子还认为，要想实现仁政，必须要有仁慈的国君和有修养的大臣；此外，还要有君臣的真诚或诚信、实践的恒心和长期坚持。关于诚信的“诚”指的是真实无妄，“信”就是守这个“诚”，它是个人立身、立业之本，国家的立国、发展之本。

秦九韶虽看到古代坚持施行仁政的困难，但他不放弃，依然坚持宣传仁政的主张。

第三节　秦氏主张

宋代是儒学更新与理学形成的时期，这一时期的儒学极具创新精神。在疑古思潮中振兴，大胆摆脱汉唐那种儒生的成见与偏说，可以大胆地自由议论时政，阐述儒家经典义理，学术氛围较浓。

秦九韶处在宋朝儒学更新与理学形成之期，对他的人生观影响很大。他把儒家经典中的观点应用于数学研究中，并通过数学提出和设置他的施行仁政的治国主张与措施。因为，秦九韶对于儒家学派的重要继承人孟子所提出的仁政治国理念，他是支持认同的。

秦九韶看到历史上一些国君都没有很好地施行仁政，特别是他生活的南宋末年，政治黑暗，官僚豪强地主无限制地剥削、压榨老百姓，他们占有大量田地，多至几十万亩或至百万亩，占地最少的主战派岳飞也有千余亩。广大劳动人民承受着繁重的、残酷的地租剥削和高利贷剥削，以及各种繁重的赋税。因此，他和正直的官员都呼吁施行仁政。

怎样施行仁政？秦九韶身处封建社会，不可能超越时代的局限，提出改变封建社会制度，建立一个民主、平等、和谐的社会，加上他是一个基层官员，无法直接参加朝廷研究治国大计，他只能在《数书九章》的系文和田域类、赋役类、钱谷类等中，设置数学问题，给出数学解答，说明数学方法是为官者实现仁政的有力工具。

正如前一章第三节介绍，秦九韶知道，赵匡胤确立了“重文轻武”的基本国策，他为了把权力置于自己之下，加强皇权专制，将原来由武官任职的地方长官逐渐改由文官担任，并且通过科举选拔文官，取士人数之多超过历朝历代，同时给予及第举人优厚待遇。①

因此，整体来讲，宋朝的优礼儒士、“恢儒右文”“兴文教，抑武事”、不滥杀士大夫与上书言事人，及倡导尊重知识、重视人才等举措，加上礼遇士大夫的社会风气，使知识分子的思想得到解放，敢于创新，学术活跃，出现了一些学派，诞生了一大批闻名千古的科技、文化精英，成就相继出现。例如，大科学家沈括、活字印刷术发明者毕昇等；又如，文学方面的宋词家苏轼、陆游、李清照、辛弃疾等，哲学家朱熹……。他们共同创造灿烂辉煌的宋代科学文化，成为中世纪宋代文明的高峰。

在这种可以讨论朝政、学术争鸣的开明宽松的环境下，文人的思想活跃，可以大胆创新。秦九韶在这种学术争鸣、学术风气较盛的背景下，勇于发表意见，大胆地在自己的著作中，巧妙地提出他的施仁政的治国主张。因此，他的主张不是空泛的，而是贯穿于《数书九章》中，并将数学知识服务于国计民生的整个活动中。

这里，先列举他在系文中关于仁政的主张，其他内容和具体措施以后各章研讨。

秦九韶的系文中，有三段集中表达他的施仁政主张，如“述田域第三”系文中，他说：

魁隗②粒③民，甄度④四海。
苍姬⑤井之，仁政攸在。

意思说，百姓虽小，当放首位，应考察和度量好四海之内农民的耕地面积。西周姬氏施行井田制，耕者有其田，老弱妇孺生活有保障，这就是施仁政之所在。

① 邵士梅、蒋筱波编译，中国通史（卷二），西安：三秦出版社，2008 年，第 181 页。
② “隗”音“卫 wèi 或奎 kuí”；“魁隗”，原意指平原山岭。
③ “粒”，原意指养活。
④ “甄度”，指考察度量。
⑤ “苍姬”，指周代姬氏人。

“述赋役第五”系文中指出：

惟仁隐民，犹己溺饥。
赋役不均，宁得勿思。

意思说，为官者要施行仁政，为民着想，就好像自己溺水或挨饿受灾时，需要救助那样，如果赋税徭役分配不均、不公平，怎不让老百姓思虑再三！

“述钱谷第六”中指出：

彼昧弗察，惨急烦刑[①]。
去理益远[②]，吁嗟不仁[③]。

意思说，可恨那些横征暴敛的愚蠢的人，没有明察、急于敛财时，还要对纳税人动用狠毒的酷刑。这离公理越来越远，可叹为官者不仁不义啊！

以上三段充分地表达了秦九韶主张施行仁政的主要内容：统治者要为民着想，设身处地、推己及人；耕者有其田，居者有其屋，赋役公平；反对横征暴敛，不顾人民死活，聚敛财富，使财富集中在极少数人手里，拉大了贫富差距等。

至于怎样具体落实施行仁政，秦九韶在《数书九章》各章中，都设置了具体的数学问题，给出了解答，说明数学方法是帮助统治者施仁政的有力工具，可以用数学知识管理国家，实质上是科学治国的主张。我们将在后面各章中详细讨论。

① “惨急烦刑”，指严峻狠毒的酷刑。
② “去理益远”，指偏离公理越来越远。
③ “吁嗟不仁”，指可叹啊！没有仁政之德。

第五章 国家经济

国家经济和人民生活（简称国计民生），是国富民强的基本标志，历代国君都在努力，但是差别很大、效果各一。

秦九韶知道，中国古代实行君王统治制度。知识分子都在帮助君王统治国民、管理国家。在这样的政治经济、科学文化背景下，中国古代数学多半是以“管理数学”的形式出现的，目的是为了丈量田地、建筑施工、兴修水利、分配劳力、计算税收、运输粮食等，理性探讨、退居其次。例如，春秋战国时期，各诸侯国家在自己的管辖范围内修筑各种工程或农业建设，为了管理的需要都要用到数学知识。

可是，古代数学虽然有一些管理数学的内容，但从整体来看古代数学这方面的内容都显得少而不全面、不系统。例如，秦九韶通过学习《九章算术》（公元前 1 世纪）知道，耿寿昌（约公元前 1 世纪）是一位关心国计民生的数学家。他在担任大司农中丞时，通过收集、整理和总结人们的数学创造，参与增补编成的《九章算术》里，就有简单的关于国计民生的数学问题。例如，衰（读 cuī）分、均输章里，就有汉朝向商人征收关税的四个赋税管理的数学计算问题。又如，均输章第 15 题：“今有人持金十二斤出关。关税之，十分而取一。今关取金二斤，偿钱五千。问金一斤值钱几何？”① 再如，衰分章第 3 题:“今有甲持钱五百六十，乙持钱三百五十，丙持钱一百八十，凡三人俱出关。关税百钱。欲以钱数多少衰出之，问各几何？”② 他看到:《九章算术》商功章等处有土木工程、筑城、挖沟渠、筑坝、修堤等简单的国计民生问题，例如，商功率第 2 题：“今有城，下广四丈，上广二丈，高五丈，袤一百二十六丈五尺。问积几何。”又如，《九章算术》里的计算田租、钱谷、利息、徭役、粮食互换的交易等，也是一些

① 详见：徐品方，白话九章算术，成都：成都时代出版社，2006 年，第 214，232-234 页。

② 详见：徐品方，白话九章算术，成都：成都时代出版社，2006 年，第 98 页。

简单的管理数学问题，例略。

秦九韶认为，《九章算术》以及后来的其他中国古代算经书里，尽管都涉及了一些关于国计民生的管理数学问题，可是都比较简单、不够全面，无论数学方法和问题的深度还是广度，都还不够。作为一州之守或通判的秦九韶，常常考虑怎样解决国计民生问题。因为他深深地体会到，国家百事、军政生存、扶贫赈灾和国家建设，所有的经费来源都靠赋役。历史上任何一个国君最主要的问题是首先解决臣民的吃饭问题，因此，作为古代农业国的各朝代，都需要依赖农业生产。耕者有其田，农民耕地面积的多少，实际田地的计算必须准确。此外，水利建设方面，除兴修水利外，正确掌握天时、气象变化，防旱防涝等都需要数学知识。否则，“差之毫厘，谬以千里”。水资源的调节，影响农业生产；国家工程建设若不精心设计、计算，就会造成人力、物力和财力的浪费。国家怎样理财也是一个重要的问题。秦九韶认为，国家财政混乱、官吏欺瞒、贪污挥霍，国家经济与人民生活也将受损。因此，他认为理财应当“如智治水，澄源浚流”（意思为就好像聪明人治水一样，澄清源头再疏通河道）才能保证国库钱财收支平衡，并有余资。总之，怎样避免这些弊端，秦九韶认为数学方法是一种重要手段。于是他根据平时学习、收集和积累的资料，撰写出了这一部更全面、系统的管理数学著作——《数书九章》。并且他告诉为官者，可以把数学作为治国、落实国计民生的重要工具。

从《数书九章》来看，“题文不只谈数学，还详及自然现象、社会生活，尤为我国历代数学专著所仅见”。“数学内容而外，从《数书九章》还可以看到南宋时期社会经济、文化、生活、科学、技术等各种活动的一个侧面。《数书九章》题文所记大致是真实的。”① 所以，这部书的确比它之前的管理数学的内容丰富翔实、全面系统，不愧是一部古代较好的管理数学著作。而且，李迪教授在吴文俊主编的《秦九韶与〈数书九章〉》（第466页）一书中说：“《数书九章》在某种程度上说是一部经济数学专著。”按当代所说“经济数学”，可以理解为“数学在经济学中的应用以及对经济学中提出的各种数学问题的研究”。尽管当时没

① 吴文俊主编，秦九韶与《数书九章》，北京：北京师范大学出版社，1987年，第4-5页。

有这个术语，但是，该书的实质内容，确实是把数学应用于管理古代国家经济和人民生活的一部经济数学。它与现代经济数学的本质和20世纪逐步形成的现代管理科学的思想、原理一致，如“管理科学是一门研究人类管理活动规律及其应用的跨自然科学与社会科学两大学科体系的综合性交叉科学。管理科学的三个基础是数学、经济学和行为科学”①。

因此，可以说《数书九章》不仅是一部古代较好的管理数学著作，而且也是一部我国古代较早的经济数学著作。当然，秦九韶这部书主要讲数学知识，但它包含了管理数学和经济学的内容，实属罕见，值得称道。

不仅如此，秦九韶还在《数书九章》自序中提出，官吏应懂得数学，应用数学方法管理国家。他说：“若官府会事，则府吏一二累之。算家位置，素所不识，上之人亦委而听焉。持算者惟若人，则鄙之也宜矣。”“府吏”是指管理财务，文书和出纳的公务员。这段话是说，官府掌管会计事务的人员，只有少数人懂得加减计算。这些人连数学家的地位和作用都不懂，为官者居然还任用他们，听他们的。如果只有这等人搞数学，那么数学受到鄙视也就顺理成章了。因此，官吏要掌握一般的数学知识，而不仅仅是加减运算，它有利于更好地应用数学科学进行国家各级的管理工作。

关于国家经济（或民生）的问题，秦九韶不仅在《数书九章》的系文中提出了自己的主张，还在书的正文天时类、田域类、赋役类、钱谷类、营建类和市物类等章中，给出了大量的将数学应用于国家经济建设（或民生）的数学问题和解法。

本章先研究秦九韶将数学应用于国家经济建设的问题，即合理赋税、测准田积、徭役公平和善于理财的问题，民生问题将在第六章研讨。

第一节 合理赋税

国家经济来源于赋税，赋税是维持国家生存的财力来源，所以征收赋税和摊派徭役是国家进行管理的重要内容之一。

---

① 转引自：许康，创新之光，海口：海南出版社，2002年，第9页。

两汉数学史籍中已有有关纳税的数学知识。1983年，在湖北省江陵地区出土的西汉初期竹简《算数书》中就有《均输律》，“均”平均的意思，“输”指运输，“均输”即平均运输的意思。就算法而论，乃是配分比例或配分法。历史记载，汉武帝时期（约公元前2世纪）已经把平均负担的措施法律化、制度化，产生了税役的均输平准政策。实施这一政策就必须运用数学知识。在这本我国最早的《算数书》①（公元前2世纪）中，就有3道涉及赋税的数学问题，如第14题“并租”题：“禾三步一斗，麦四步一斗；荅（同答）五步一斗，今并之租一石，问租几何。”第26题“税田”题（租田纳税）和第37题田租税。后来的《九章算术》（公元前1世纪）中也有4道反映汉朝向商人征收关税的问题，如前面已介绍的第15题和第3题等。

我国的赋税产生较早。到了宋朝，赋税五花八门、种类很多，就拿田亩租税来说，有苗米、和买、和夏税几种赋税。宋朝夏季的赋税叫“夏税”；秋季的赋税叫“苗”（或“苗米”），后来夏税由钱折算成绢。“和买”一词起源很早，原来不是税，先由政府贷款给农民，到期收取一定数量的绢，最后变成“和买”税。

到南宋不贷款也要收绢，称为田地附加税。南宋的赋税十分繁重，老百姓叫苦不堪。南宋大诗人陆游写有一首诗为证②：

有山皆种麦，有水皆种粳。
牛领疮见骨，叱叱犹夜耕。
竭力事本业，所愿乐太平。
门前谁剥啄？县吏征租声。
一身入县庭，日夜穷笞搒③。
人孰不惮死？自计无由生。
还家欲具说，恐伤父母情。
老人倘得食，妻子鸿毛轻。

陆游生动地描述了一幅农民租税负担沉重的惨景。

---

① 据《数学史通讯》2010年5月第23期第5页报道，最近出土竹简中，除《算数书》（公元前187—前157）外，最早的数学竹简又增加两种，即：秦简《数》（约公元前212年）；汉简《算术》（约公元前179—前141）。它们的内容与《算数书》相似，但题目、文字、内容都有差异。此不举例。

② 引自：林庚、冯沅君主编，中国历代诗歌选（下编），北京：人民文学出版社，1979年，第721页。

③ “搒”，音朋 péng，棍打。

因此，秦九韶在《数书九章》“述钱谷第六”系文中揭露了“彼昧弗察，惨急烦刑”（那些横征暴敛的人没有明察，急于敛财还要对纳税人动用酷刑）。

南宋不仅赋税繁重，而且还要额外多拿。统治集团内部也感到这种情况是一个大问题，例如，绍熙元年（1190）秘书监（掌管图书、国史、天文、历数等的机关叫秘书省。秘书监为秘书省的长官）杨万里（1107—1202）指出“一倍其粟，数倍其帛，又数倍其钱，而又有月桩钱、版帐钱，不知几倍于祖宗之旧，又几倍于汉、唐之制乎？”（《宋史》卷一百二十七“食货上三”）

秦九韶也了解到，南宋初年，豪强地主和官僚，隐田逃税的人增多（当时朝廷大官得到许多封地），人民赋税负担极不合理，呼吁赋税公平，合理负担。

因此，秦九韶在《数书九章》赋税类的系文和正文中，设计九道阐述赋税与劳役的数学问题，力图借助数学方法提出赋税负担公平合理，并且他还提出了一套明晰的、可操作性的征税的计算方法。例如，秦九韶在“述赋税第五”的系文中说：

邦国之赋，以待百事。
畡①田经入，取之有度。

意思说，国家规定征收赋税，是用来兴办民间百事，天下之田的常规赋税收入，征收应有一个适当的尺度。

这里表明秦九韶除强调赋税的重要性外，他还提出“取之有度”的仁政主张，并且他通过数学问题的形式，提出一些措施，如发展生产、开源节流、减轻农民赋税、保证生活，使老百姓休养生息、安居乐业、发家致富。

所以，为了保证国家财政收入，秦九韶的征税之道反映出他的管理才能和先进的管理理念。当然，秦九韶主张合理赋税，是不允许偷税逃税，一旦发现，要秉公执法，不徇私情，赏罚分明，绝不姑息养奸。例如，秦九韶在和州（今安徽和县）任知州时，他发现盐税一时收不上来。后来据群众举报，有一个大盐商与朝廷官员相互勾结，偷逃盐税。秦九韶不怕权贵，查出这一大盐商家中藏有私盐三千担。经州衙三堂会审，依法判处官商勾结的这一大盐商斩立决，

① “畡”，音该 gāi，意为：九州之田。

并没收全部偷税财产。同时在衙门前贴出告示，警示后人:“和州州民，盐虽一样，官私不同，买公盐，为国增税，买私盐，助奸得利！利弊权衡，不可妄为哉！”（转引自阳登华《巴蜀史志》2004 年 5 月）

秦九韶这一举措，震慑了奸商和勾结奸商的官员，使赋税正常、稳定、健康的发展，保证了国家财政收入。此事在安徽一带百姓中一时传为佳话。

一、按等纳税

秦九韶在“述赋税第五”的系文中说：

汉犹近古，租税以算①。
调均钱谷，河菑②之捍③。

意思说，汉朝距古代不远，他们懂得（按田亩好坏）计算税租。协调均收的钱和谷，用以河州开垦地种植庄稼。

又在“述钱谷第六”的系文中说：

物等敛赋，式时府庾④。
粒粟寸丝，褐夫红⑤女。

意思说，按物品的等级纳粮上税，不得压级压价，按时节存入府库。每粒粮食、每寸丝绸都是农夫和女工的劳动所得。

秦九韶看到，在南宋有很多地方不按田地肥瘠平均征税，既不公平又不合理。于是他提出按等级纳税，他的这一思想可能受到了宋代思想家、程朱学派的朱熹提出的经界法的影响，即要求重新测量土地，精确计算田地面积，并按土地的好坏制定赋税额量。依照朱熹的理想，秦九韶不仅在上述系文中提出按田地好坏的等级依其比例征收赋税，而且还在《数书九章》正文中，设计了按田地肥瘠纳税的数学问题，并且给出了计算方法。例如，《数书九章》中有：

① “算”，指汉代赋税的名称，以算为单位，计算税租。
② “菑”，音孜 zī，指已经开垦的田地；（古）又同“灾”。
③ “捍”，又说是“扦”。
④ “庾”，音禹 yǔ，指露天的谷仓。
⑤ “红”，音功 gōng，旧时指女子所做缝纫、刺绣等工作，也作“女工”。

1. 第五章赋役类“复邑修赋”题

原题说“问有海坍县地今已复涨。岁久，乡井再成，申请创邑称土排到六乡，以附郭为甲，最远为己，各有田九等，开具下项……（此省略处的内容是六乡九等的亩数，共54个数据）。照得昨来本县元科（古时称征税为科），苗米，一十万三千五百六十七石八斗四升四合二勺。和买，一万三千四百九十八匹一丈七尺三寸七分五厘。夏税，九千八百七十六匹三丈二尺六寸五分六厘。其六乡田，系三色，甲为上，乙丙为次，丁戊己又为次。先令官物为三差，使上比中，中比下，皆十分外差一。次令各乡九等，皆于十分内差一抛科，用合租额。其乙乡田最肥，次丁，次甲，次丙，次己，次戊，欲知三色等每亩等则及共科数，各乡几何？”

这道题题名中的“复邑”，指被海水冲坍的一个县的土地，今又变成可耕地。

这道题大意说，有一个县的土地被海水冲坍，今又露出海面，过了很多年后变成可耕地，特向政府申请恢复县制，拟建甲、乙、丙、丁、戊、己六个乡，每个乡按田亩的好坏分为上、中、下三等田，每等田又分为上田、中田和下田三个等级，因此，6乡9等田的亩数共有6×9＝54个等级……（此处略去54个等级田的亩数）。题目给出了田地没有被冲坍前原来征收“苗米”“和买”和“夏税”三种赋税的数据（当时“科”指征税）。若县制建成，土地被耕种，官府规定6个乡应按田地的不同等级共同负担上述三种纳税，并且可以按“上比中，中比下，十分外差一”的比率纳税（本题术文给了这种比率，如上∶中∶下＝121 ∶ 110 ∶ 100）又给出了各乡9等田可按“十分内差一”的比率计算税额，即按9 ∶ 8 ∶ 7 …∶ 3 ∶ 2的比率来分配每亩纳税的税额。最后，本题要求求出各乡9等田每亩应出“苗米”“和买”和“夏税”三种税的数额各是多少？各乡应出这三种税的总额数各是多少？

此题就是秦九韶设计的一道“按等纳税”的题目。

因此，秦九韶可能依据朱熹的理想，设计与计算出一个县6乡9等田每亩赋税的数学模型。这道题在《数书九章》原著中长达一卷，篇幅多达32页，6乡9等各等田的亩数数据有54个，问题的答案竟有180个之多。

显然，秦九韶给出精确的丈量土地、依等级计算赋税的数学方法的设计，是多么的具体和复杂啊！要是为官的他，平时工作没有遇到类似问题的资料积累，写书时临时编撰（或杜撰），恐怕是编不出来的。这表明秦九韶付出了巨大的劳动，他设置的问题，计算量之大、测量方法之明确是过去古代数学书中没有的。因此，从另一个侧面看到，秦九韶为了落实他的“按等纳税”的治国主张，保证国家经济财税来源之一的公平和合理的征收，多么具体、细致、不嫌麻烦地向有关官员提供出算法，显示了他的数学才能和爱国之心，于国于民都有益处。

2．第五章赋役类“围田租亩”题

原题说：“问有兴复围田已成，共计三千二十一顷五十一亩一十五步。分三等，其上等每亩起租六斗，中等四斗五升，下等四斗。中田多上田弱半，不及下田太半，欲知三色田亩及各租几何？”

此题大意说，现有已经兴修成的围田共计3021顷51亩15平方步。田的好坏分为三个等级，已知上、中、下各等田每亩收租米的数据（上等6斗，中等4.5斗，下等4斗），其中中等田比上等田的亩数多$\frac{1}{4}$（书上叫“弱半”），但不及下等田的$\frac{2}{3}$（书中叫“太半”）。试问上、中、下（“三色”）各等田有多少亩？各收租米多少？

这道“围田租亩”题中的“围田”，是指低洼土地筑堤防水入侵围成的耕田。是一个已知围田总亩数三千多顷（1顷＝100亩），按上、中、下三个等级田的租率和田亩的比例，求上、中、下三等田各有多少亩和各收租多少的计算问题。秦九韶给出了具体的算法（略）。

但是，从另一个角度来看，秦九韶设计出了上、中、下三等田的收租标准（推测是他为官时处理过的事例），说明是秦九韶关心国计民生“按等纳税”的治国主张之一，并且给出一种明晰的依据田亩等级计算赋税的方法，这种征税方法对一般的官吏也是容易操作的，是秦九韶主张用数学工具管理国家的范例之一，亦是证明《数书九章》是管理或经济数学的例证之一（这类例子在本书后面比比皆是，此处就不一一指明）。

3. 第五章赋税役类的“均科绵税”题

原题说“问县科绵，有五等户，共一万一千三十三户，共科绵八万八千三百三十七两六钱。上等一十二户，副等八十七户，中等四百六十四户，次等二千三十五户，下等八千四百三十五户。欲令上三等折半差，下二等比中等六四折差，科率求之。各户纳及各等几何？”

此题讲一个县收绵税的问题（古代称“科”为征税，绵是蚕丝，今称丝绵。“科绵”指用绵纳税。宋代赋税缴纳实物的有四大类，绵为“帛之品十”中的第九种，详见《宋史》卷一百二十七“食货上二”），本题是已知总户数、总绵税数，按五种等级户的不同税率征收绵税的问题。秦九韶设置此题除介绍数学算法外，其关心国计民生“按等纳税”的用意与前面两题一致。

4. 第五章赋役类“户税移割”题

因原题文很长，此不抄出，也不细说题意。本题讲某县某甲户持田人的田地卖给乙、丙两户，转户后其所纳赋税也随之改变，求接收新户分别缴税纳粮的数学计算问题（题中假设所有田的等级相同）。

此题又记录了宋朝一种略有点不同的田地纳税类型：交纳苗米、和买、夏税和紬、绢（“紬”是绸字的异体字，音绸 chóu，紬、绢是上缴“帛之品十”中的两种），以及绸绢折帛（折帛）等税的计算问题，是一份宝贵的史料。

此题除了是一道数学计算问题外，从另一方面也说明秦九韶考虑比较全面，设计出各种田地赋税的情形的数学模型，并且给出一般官吏易于掌握的计算方法，是落实他“合理赋税”中“按等纳税”的治国主张的措施，表明他关心国家经济。

我们通过以上举例，充分证明了秦九韶主张合理赋税之一，即按田地等级纳税的管理数学模型，给出了一套明晰的按等纳税的和可操性的具体措施，又搞了一套依据田亩好坏计算赋税的数学方法。他的这种“调均钱谷”“物等敛税”的收取赋税的治国主张，公平合理，有利于施行仁政，促进农业生产发展，实现发展国计民生，可富国强民。

秦九韶通过他数学方法设计赋税问题，使他的治国思想熠熠闪光、令人惊叹！

二、减免赋税

南宋时期，租金过高，或天灾或土地贫瘠产量低等原因，老百姓“拖欠”官府租税太多。秦九韶提出州、郡[①]应当宽大体恤，实施减租减税的“宽减”主张。例如，秦九韶在《数书九章》正文中提出具体的“宽减”措施与计算方法。例如：

1. 第五章赋役类“宽减屯租”题

原题说：“问屯租欲议宽减，仍听以夏麦折纳分数。官牛种者，与减二分；私牛种者，与减四分。每岁租谷，以三分之一许夏折二麦，内四分大，六分小。折色：每大麦三石，折小麦二石；小麦二石，折谷三石五斗。屯租旧额，官种一石，纳租五石；私种一石，纳租三石。今某州屯田，去年计官，私种共九千七百八十二石，共合收租谷三万九千五百八十六石。欲知官、私种各数目元额、今减、合催成年夏麦秋谷租各几何？”

此题大意说，欲对原定田租进行宽减。宽减的方法是：官牛种者，减去原租的二分$\left(\text{即减去原租的}\frac{2}{10}\right)$；私牛种者，减去原租的四分$\left(\text{即减去原租的}\frac{4}{10}\right)$。每年交纳的租谷允许对租额的$\frac{1}{3}$以夏麦按规定的比率折算成谷来交纳，接着题中要求夏麦折谷时，两种大小麦所占的比重，大麦占4份，小麦占6份，以及给出大麦、小麦和谷之间的折换比率。题中又告知，去年某州屯田租额（金）是：官种1石，纳租5石；私种1石，纳租3石，并且已知去年官、私种的总石数和共折换后收租谷的总石数。最后本题要求计算该州原来屯官、私种的租额，宽减后的租额以及实际征收的租额各是多少？（“合催”指原定租额扣除宽减租额以后的实际征收租额）其中夏麦和秋谷租额又各是多少？

显然，该题反映了屯田租额过高“官种1石，纳租5石；私种1石，纳租3石”即交租是种子的5倍和3倍。贫瘠的土地产量很低，屯田者不能完成预定的租税。因此，秦九韶设置了此题，讨论减租减税的问题，提出了税租太高，必须减租，

① “州”古代行政区域，辖境大小各个时代不相同。两汉三国时“州”在“郡”之上；随唐时，相当于以前的郡。“郡”古代行政区域，秦朝以前比县小，从秦朝起比县大。

并给出了具体的、可操作性的政策：官种减原租的$\frac{2}{10}$，即$\frac{1}{5}$，私种减原租的$\frac{4}{10}$，即$\frac{2}{5}$；并且给出了他的数学计算方法（略），从另一个方面来看，这也是他关心国家经济和人民生活中合理赋税的措施之一。

2．第五章赋役类“户田均宽”题

原题说：“问州郡宽恤，近将某县下三等税户秋科余欠钱米，已与蠲[①]放，共钱一千三百五十五贯七百六文，米五千二百七十二石一斗九升。其本县下等物力，计三万七千六百五十八贯五百文。今来官员，陈述本县多有乐输[②]无欠之户，今蒙蠲放税尾，似反宽润顽输之户，于理未均，遂议将乐输三等户，于明年两税，与照昨来体例减免，契勘得三等无欠户物力二十二万八百一十五贯三百二十一文[③]。欲知每百文合减免钱米及共减各几何？”

此题“户田均宽”是讲对纳税户“拖欠”税款钱米进行减免的数学计算题目。本题大意说，政府的州郡为了宽大体恤欠税的困难户，近将某县下三等纳税户中所欠秋税钱米给予部分减免，并给出了减免数据。但该县有官员反映，今年的减免是针对拖欠秋税者，但对于今年已经主动交税又无拖欠的三等纳税户，没有享受这一减免政策，“于理未均”，不公平合理。于是建议，对今年主动交税又无拖欠的三等纳税户，在明年应征税额中应依照今年规定减免的额度进行减免。经调查了解知道，该县这三等无拖欠税款的税户的物力数据。本题要求计算今年每物力100文，应减免钱、米各是多少？明年共减免又各是多少？

据题中“今来官员，陈述本县多有乐输无欠之户”推测，这道题的内容，有可能是为官的秦九韶遇到的一个实际问题。秦九韶主张合理赋税，公正和公平地对待拖欠或不拖欠的税款户，否则“于理未均”。对于故意拖欠税款和主动交纳税款户，他们都是三等困难户，应一视同仁，一律实行减免其钱、米的政策，这对于“反宽润顽输之户”来说，可以减少那些故意拖欠税款户的弊端。可见，

---

① “蠲”，音捐 juān，与“捐”相通，意为减免，除去。

② “乐输”，“输”原意为运输，在此可以理解为主动交纳税户。

③ 本题中的“贯”“文”是古代钱币单位，古时铜或铁钱用绳索穿连，1 贯 =1000 文。

秦九韶思考之缜密，体现出他公平和公正的赋税思想。

以上两题反映了秦九韶关心国计民生，解决困难农民无法纳税或拖欠税钱、米的问题，亦是他施行仁政的治国主张的具体措施之一。

3．第六章钱谷类“分定纲领”题

这道题主要讲“按规定的比例分配收得的税款”。原题文详见本章第四节中第一部分，这里只说其大意。

这道题说，郡州政府按预算要拨款给户部、总所和云司三个部门，但因财政无钱，不能马上兑现拨款。现在将催收到的某项目所拖欠的税款（原题为“窠名钱”①），按原计划拨款数额的比例，先拨一部分给三个部门……

这道题记载了当时某些人拖欠官府某项目税收款（可能不是指田或地租税），政府采取“催收”税款的办法催收到了一笔税款的情况。它表明了一个事实，由于各种原因（此题未讲）当时存在没有按时交纳税款而要去催要。至于收不到怎么办，本题没有交代。但从《宋史》卷一百二十七“食货上二”记载，例如，乾道四年（1168）诏“四川诸州欠绍兴三十一年至隆兴二年赡军诸窠名钱物，暨退剥亏分之数，及漏底折欠等钱，并蠲之”。意思说，四川诸州所欠其项目税款（窠名钱）宣布免除（“蠲之”）。

因此，秦九韶设置这道题，除介绍数学计算方法外，从另一方面来看，对拖欠税款的人加紧催收，经多次催收，万一收不到怎么办？经查实，确因困难而无力交纳税收者，为了体恤，可否考虑“蠲之”。本题虽未交代，但当时应该是有这项政策的。从上文看，秦九韶也许有此意思，因为他主张减免困难户的赋税。

三、赈济粮食

由于各种原因出现了缺粮户怎么办？秦九韶设置了数学问题，指出政府应当动员劝说富有粮之家，卖粮给政府或缺粮户，保障市场供应与稳定，防止囤积居奇、抬高市价，不使缺粮户断炊。例如，第五章赋役类“均定劝分”题，原题说：

① “窠（音科 kē）名”，此指项目或名目，“窠名钱”就是某项目的税收钱。

"问欲劝粜[①]赈济，据甲民物力亩步排定，共计一百六十二户，作九等。上等三户，第二等五户，第三等七户……，第九等四十五户。今先劝谕第一等上户愿粜五千石，第九等户愿粜二百石。欲知各等抛差石数，并总认米数各几何？"

此题名"均分劝分"之意讲官府劝富有粮户卖粮，不是平均派购，而是根据有粮大户存粮多少，依等次按递减的等差数列卖米。

此题大意说，欲动员劝说有粮大户（即"甲民"）卖米，用以赈济缺粮户。根据富有粮户的物力、田亩多少来确定。官方了解到他们共有 162 户，分作九等，第一等（上等）3 户，第二等 5 户，第三等 7 户……，第九等 45 户。现在先说服第一等户每户卖米 5000 石，第九等户每户卖米 200 石。若各等户每户卖米石数按照递减的等差数列卖米来计算（"抛差"即等差数列的公差），试问各个等级富有粮大户共计卖米多少？总共卖米多少？

秦九韶设置此题，提出了要关心赈济缺粮户的吃饭问题，并且给出了"劝粜"的数学计算方法（此略）。此外，也反映了宋朝政府由于官吏和军队需要消耗大量粮食，采取了向农民派购粮食的统购政策的例证。事实上，据《宋史 · 食货上六》载：遇上某州县发生灾荒的时候，官府便把粮食以平价卖出，或者无偿发放。因此，宋朝为了政府机构的运转，备战备荒等的需要，开展了收购粮食的工作。然而，收买谷物也是一件困难的工作，有时不能完成收购任务，南宋便采取了分配派购的办法强行收购。在收购粮食中，有的地方官吏以权谋私，出现了一些弊端，如宝庆三年（1227）监察御史汪刚指出："和籴（音笛 dí，此指买谷物）之弊，其来非一日矣。"汪刚中建议进行改革。

秦九韶在此题中提出一个按富有粮大户的财富（物力、田亩等）多少，依等差粜米的公平合理的办法进行派购，征粮官吏可根据这个标准，容易劝谕说服各等富有粮户愿意卖粮，减少一些"和籴之弊"。

总之，本节几个例证，说明秦九韶设置数学问题，给出用数学方法解决国家经济的问题。从另一个角度看，正是他关心国计民生，主张按等纳税，对待征税取之有度；对贫困人家，减免赋税；对缺粮农民，赈济粮食。这些内容正是秦九韶治国主张的一些具体措施的一部分。

① "粜"音跳 tiào，指卖粮食。

第二节 测准田积

准确计算耕地面积是历代统治者和广大农民十分重视和关心的问题，《九章算术》方田章及其他古代数学书中也有同类问题，但较少、不全面。秦九韶关心国家经济和人民生活，根据南宋社会实际情况，较全面地提出测准田积这个问题，并给出核实、测算这个问题的数学方法。

南宋初期，豪强地主、官吏和将领等权贵，隐田逃税增多。农民田地因天灾等原因耕地面积有变化，普通百姓田赋负担难以公平。秦九韶看到朱熹提出的经界法设想，要求重新测量各乡各等田亩面积，精确核实耕地面积，按土地好坏准确编制赋税数额。当时遭到既得利益的豪强等权贵的反对，这个计划没有得以实行。

后来，随着南宋经济的发展和人口的增加，耕地面积不断扩大，准确了解现有土地实际面积是国家经济发展的紧迫需要，于是，朝廷颁布了“方田均税法”，该法规定：“以东西南北各千步，当四十一顷六十六亩一百六十步①为一方。方量毕，以地及色参定肥瘠，分等以定积则。”所以，为了施行朝廷法规，丈量土地、按等级计算征收赋税成为当时官吏的日常工作之一。

秦九韶配合这一政策，关心国计民生，整治赋税，支持测准面积，在《数书九章》序和正文中，他说明这个问题的重要性，并且设置了许多数学问题，介绍了核实田亩、丈量田地的方法及其数学计算方法。例如，秦九韶在《数书九章》“述田域第三”的系文中提出：

代远庶蕃，垦菑②日广。
步度庀③赋，版图是掌。

意思说，随着历史久远和百姓的繁衍，开垦的土地一天天增多，要测量田亩、整治赋税，至关重要的是掌握户籍和地图，实质上是准确掌握农户人口和耕地面积。从这段系文可知，秦九韶认为测准田亩的重要性，即“步度庀赋，版图是掌”。

① 当时1步=6尺，1亩=240平方步，1顷=100亩。
② “菑”，音资zī，指初耕土地。
③ “庀”，音皮pǐ，意为治理。

但在测算面积时，秦九韶告诫大家必须认真、仔细地工作，测算必须准确，如他在该段系文中又说：

差之毫厘，谬乃千百。
公私共弊，盖谨其籍。

意思是说，测量和计算耕地面积差之毫厘，结果就会谬之千里。于国于民都是大弊，测算田积，征收赋税应认真、仔细。

怎样进行这项工作，秦九韶提出了以下一些具体方法。

一、核实田亩

秦九韶在《数书九章》第三章田域类所设置的数学问题中，给出了数学模型，举出了范例，使参加核实田地亩积的人员易于操作，例如：

1. 第三章田域类“漂田推积”题

原题说：“问三斜田，被水冲去一隅，而成四不等直田之状。元中斜一十六步，如多长。水直五步，如少阔。残小斜一十三步，如弦。残大斜二十步，如元中斜之弦。横量径一十二步，如残田之广，又如元中斜之勾，亦是水直之股。欲求元积、残积、水积、元大斜、元小斜二水斜各几何？”

该题主要讲一块三角形田被水冲去了一角后剩余面积等的计算问题。秦九韶创造性地画出图形，如图 5-1 所示（图 5-1 中的字母是笔者加的，原著书中没有 —— 笔者注）。本题大意说，有一块三角形田（如△ *ABC*）被水冲去了一角（如△ *DEC*），而成为一个不等边梯形 *ABED*。梯形的下底 *AB* 是原△ *ABC* 的一边（元中斜）*AB*。题中给出元中斜 *AB*、残小斜 *BE*、残大斜 *AD*、横量径 *BD* 的尺寸。试问原三角形（△ *ABC*）的面积（元积）是多少？被水冲去的三角形（△ *DEC*）的面积（即“水积”）及剩下的梯

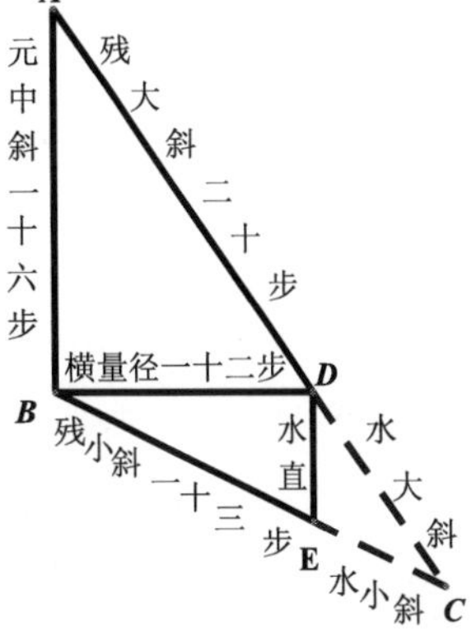

图 5-1 “漂田堆积”题示意图

形 *ABED* 的面积（即“残积”）又是多少？原△ *ABC* 的两边 *DC*（水大斜）、*EC*（水小斜）各是多少？

显然，该题用数学问题的形式反映了耕地因洪水冲去一角，需要核实并计算冲去后剩下的田积，以便重新计算税额。另外，也反映秦九韶关心国家经济和人民生活，认真核实田地亩积，按核实后的土地面积纳税，于国于民都有益，避免发生多收或少收征税的情况。

类似因水灾、垦荒或扩大耕地需要重新丈量土地、核实田亩的例证还有，此处不一一列举了。

2．第三章田域类“均分梯田”题

原题说：“问户业田一段，若梯之状，南广小三十四步，北广大五十二步，正长一百五十步，合系兄弟三人，均分其田，边道各欲出入，其地难分，经官乞分定，南甲、乙，北丙，欲知其田共积，各人合得田数，及各段正长大小广几何？”

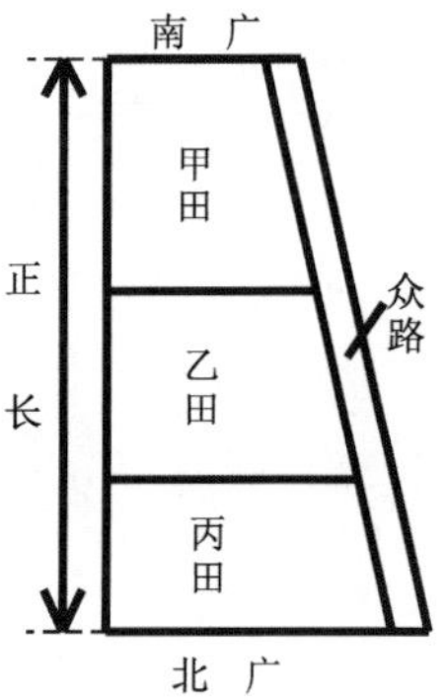

图 5-2 “均分梯田”题示意图

秦九韶画出了图形，如图 5-2 所示。

此题大意说，有一户人家的一块梯田，已知上底长（南广）、下底长（北广）和高（正长），此田原是三兄弟共有。现在三兄弟要均分为三块，各人一块即“均分梯田”。他们自己很难平均分配好，要请求官员帮忙划分，经官员分定如图 5-2 所示，甲、乙二人分在南面。丙分在北面。试问这块梯形田的总面积与三兄弟各分得的田积是多少？所分得的三小块田（小梯形）的上、下底及高（正长）各是多少？

显然，此题反映了当时农村的一种实际情况，三兄弟分家分田，改变了原户主总亩数。由于三兄弟自己很难均分，乞请官员帮忙划分，这也是一种核实田积、合理赋税的问题。

我们推测，此题有可能是作为一州之长或通判的秦九韶在任职时遇到的事例，也许他就是亲自帮忙平均分配的官员。后来，他设计成这道数学题，收入《数书九章》中，并且画出分割图形并给出计算方法，而且还推出了一般均分梯田

的面积计算公式［书中“术曰”（即解法）中叫通率］

$$\frac{(\text{南广}+\text{北广})\times\text{正长}}{\text{分田人数}}$$

从另一方面看，此题也反映秦九韶身体力行地参加测准田积的工作，关心人民，力求农民耕地面积的准确性，应得分地，合理纳税。

二、测地算法

秦九韶在“述田域第三”系文中说：

方圆异状，斜窳[①]殊形。
叀[②]术精微，孰究厥真。

意思说，田地形状，方圆各异，有正斜和不规则各种形貌。测量技术非常精深，只有精心研究，认真操作才能不差毫分。

据说，时任郪县（四川潼川管辖的县，即今四川三台县境内）县尉，以及后来为地方官的秦九韶，曾参加过测量土地及其算法的工作。当时四川等地的山区，沟壑纵横，山丘起伏，平地坡田，无形不有，如长方形、梯形、尖形、菱形、环形、圆形等形状的田地以及各种不规则形状的田地。为了测准这些田积，秦九韶和随员进山间、查田垅、计地积、算赋税。他在这些实践活动中掌握了宝贵的第一手资料，后来从中提炼出典型问题，在《数书九章》田域类等章中，编成许多“方圆异状”的数学问题，应用数学知识说明怎样进行测量计算其田地的面积的方法。例如：

1. 第三章田域类“尖田求积”题

原题说：“问有两尖田一段，其尖长不等，两大斜三十九步，两小斜二十五步，中广三十步，欲知其积几何？”

秦九韶画出了图形，如图 5-3 所示（图中字母为笔者

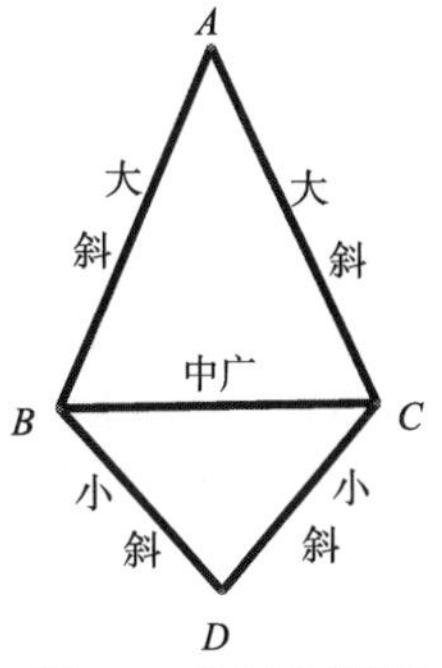

图 5-3 “尖田求积”题示意图

① “窳”音雨 yǔ，意为凹陷，不规则。

② “叀”音专 zhuān，“叀术”，即测量术。

加的——笔者注)。

此题大意说,有两个共底的等腰三角形(△ *ABC* 和△ *BDC*)围成的一块田,其腰不等,大的等腰(斜)三角形的腰 *AB*=*AC*=39 步,小的等腰(斜)三角形的腰 *BD*=*DC*=25 步,共有的底(中广)长(*BC*)为 30 步,问尖形田 *ABDC* 的面积是多少?

显然,这块尖形田 *ABDC* 的图形是不规则的,但它是由两个规则的等腰三角形围成的。秦九韶的解法是用列方程和解方程两个步骤来求其面积的,即解一元四次方程[①](略)。

今人评价说,现代对于这道题的简单算法是求其两个等腰三角形△ *ABC* 和△ *BDC* 的面积之和,用三角形面积公式 $S_{\triangle}=\frac{1}{2}$底 × 高,即可很快解决。可是,秦九韶舍简取繁,其目的是要突出他创造的“正负开方法”,即求任意高次方程数值解法,以显示他的数学创新方法。所以,他才煞费苦心地“舍简取繁”。但不管怎么说,秦九韶为了测地面积,给出了一种数学算法,解决了不规则的尖形田土地的测算方法。

2.第三章田域类“三斜求积”题

原题说:“问沙田一段,有三斜,其小斜一十三里,中斜一十四里,大斜一十五里,里法三百步,欲知为田几何?”

此题大意说,有一块三角形的沙田,已知它的三边分别为 13 里、14 里、15 里(1 里= 300 步),试问它的面积是多少?

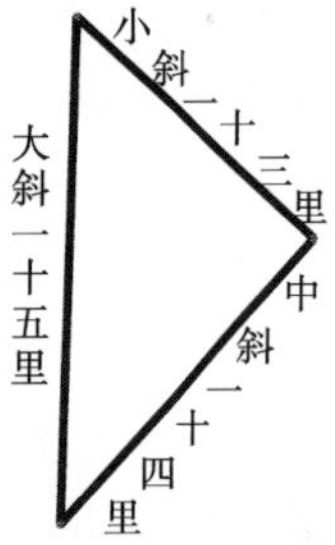

图 5-4 “三斜求积”题示意图

秦九韶画出了图形(图 5-4),这是一道已知三边求一般三角形面积的问题。

本来,这块沙田的测算算法,没有必要使用秦九韶书上给的“测地算法”,因为,只需采用一般三角形面积公式 $S_{\triangle}=\frac{1}{3}$底 × 高,即可轻松算出。但是他的算法结论却总结出了一个他独自发现的已知一般的三角形三边,求其任意三角形的面积公

① 详见:徐品方、孔国平,中世纪数学泰斗秦九韶,北京:科学出版社,2007 年,第 160-166 页。

式，后人叫“秦九韶三斜求积公式”或“秦九韶公式”。

数学历史上已知任意三角形（设 a、b、c 为三边，面积为 $S_\triangle$），求其面积公式为

$$S_\triangle=\sqrt{s(s-a)(s-b)(s-c)},\ s=\frac{1}{2}(a+b+c)$$

最早发现者是古希腊数学家阿基米德（Archimedes，公元前 287—前 212），后人误认为是后来的古希腊数学家海伦（Heron，公元 62 年左右）最早发现的，误叫为“海伦公式”（详见本书后面第十一章第五节）。

这里，值得称赞秦九韶的“三斜求积公式”，因为这是他自主创新的一种“测地算法”。秦九韶公式是怎样来的？它与阿基米德公式是基本一致的。这些证明请看后面第十一章第五节①。

在古代农村耕地中，三角形形状的土地面积虽然不太多，但若遇见，在核实面积、整治赋税中，“秦九韶三斜求积公式”是一种简单实用的计算公式，只需测量出三边长度，代入公式即可算出田积。因此，秦九韶为“测准田积”又奉献出一个简易公式。

3．第三章田域类“蕉田求积”题

原题说：“问蕉叶田一段，中长五百七十六步，中广三十四步，不知其周，求积亩合几何？”

此题大意说，有一块蕉叶形田，中长 576 步，中广 34 步，不知周长。试问这块蕉叶形田的面积是多少亩，秦九韶画出了图形（图 5-5）。

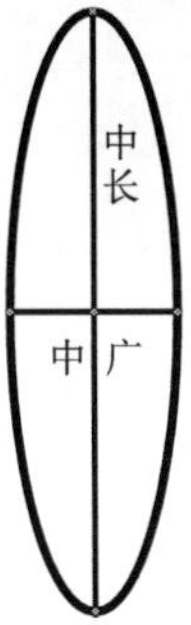

图 5-5 “蕉田求积”题示意图

这是一块“斜窳殊形”的田，可以看作由两个弓形田组合而成。简单的算法可以用《九章算术》第一章方田中较为精密的弧田术“以弦乘矢，矢又自乘，并之，二而一”，意思是，以弓形的弦长（即中长）乘以矢高（即中广之半），矢高自乘，二者相加之和除以 2，即得弓形面积。用弧田术计算公式得蕉叶面积

① 有兴趣的读者可参看：徐品方、张红、宁锐，中学数学简史，北京：科学出版社，2007 年出版，2012 年第五次印刷，第 119-121 页。

$$2S=2\times\frac{1}{2}\left[中长\times\frac{中广}{2}+\left(\frac{中广}{2}\right)^2\right]$$
$$=2\times\frac{1}{2}(576\times17+17^2)=10\,081（平方步）$$

1 亩＝ 240 平方步，10 081 平方步化为 42 亩 1 步。

但是，秦九韶没有用《九章算术》中较为精确的弓形（弧形）面积公式，而采用来历不清、使人难以理解的一元二次方程，得出蕉形田的面积为 45 亩 1 角 $\frac{5\,213}{63\,070}$ 平方步（这里秦书上 1 角＝ 60 平方步）。用《九章算术》弧田术和秦氏方法，两种算法的答案相差 3 亩多。经数学史学家钱宝琮专门研究后说："怀疑现在流传的刻本《数书九章》这一题的'术'、'草'有误文夺字。"①

这里，我们不去讨论算法之误差，主要介绍秦九韶为了"测准田积"中得到的一种"方圆异状，斜窳殊形"的"测地算法"（略）。在当时，还有其他一些形状的田地的测算方法，此处就不列举了。

综上所述，秦九韶为了"测准田积"，核实田亩，算准每户农民真实耕田的面积，对一些较难的不规则田积的测量和算法，他都给有关测算者给出了数学计算方法，然后再根据田地的肥瘠算出赋税，按等纳税，于国于民都不吃亏。这也体现了秦九韶的治国思想，是他关心国计民生的具体措施之一。

第三节　徭 役 公 平

徭役是我国古代统治者强制人民承担的无偿劳动。但是，官府在分摊劳役时，必须合理，否则加重了人民徭役负担，难以公平。

秦九韶在系文中呼吁"劳逸乃同"，并在正文中设置了数学问题来说明这个问题。

例如，在"述赋役第五"的系文中说：

① 引自：钱宝琮等，宋元数学史论文集，北京：科学出版社，1996 年，第 84、85 页。

未免力役，先商厥功。
以衰以率，劳逸乃同。

意思说，徭役虽然不免，但应事前进行精细计算，按一定标准和比率分配，才能使徭役公平、合理。

秦九韶又在《数书九章》正文中设置数学问题，例如：

1. 第一章大衍类“推计土功”题

原题说：“问筑堤起四县夫，分给里步皆同齐，阔二丈，里法三百六十步，步法五尺八寸①，人夫以物力差定。甲县物力一十三万八千六百贯②；乙县物力一十四万六千三百贯；丙县物力一十九万二千五百贯；丁县物力一十八万四千八百贯。每力七百七十贯，科一名，春程人功平方六十尺，先到县先给。今甲乙二县俱毕，丙县余五十一丈，丁县余一十八丈，不及一日，全功。欲知堤长及四县夫所筑各几何？”

本题主要讲四县合作筑堤，因各县财力各有差异，提出怎样推算各县派出民工人数及工程的任务问题。

本题大意说，现在需要筑一段堤坝，由四个县平均分摊工程，各县派多少民工数由该县财力确定。已知甲、乙、丙、丁四县的财力，并且规定按各县财力每 770 贯出民工 1 名，又规定每个民工的每日工作量是筑堤的底面积应达 60 平方尺（春程人功），先到的县先开工。现在甲、乙两县完工时，丙县还差 51 丈，丁县还差 18 丈，丙、丁两县未完成的工作量都不到一日的工作量。试问堤长及四县民工所筑堤长各是多少？

秦九韶通过本题表达他的“劳逸乃同”的主张，提出各县摊派的徭役人数应有一个原则和标准（比率），这个原则是“人夫以物力差定”，即由该县财力多少来确定，而标准是“每力七百七十贯，科一名”，即财力每 770 贯出民工 1 名。并且本题给出了一个数学模型及其解法。在此，他正面引导告诉有关制定派工人数的官员，只要坚持制定的正确原则和标准计算各县摊派的徭役，官员易于

① 古代步为长度单位，历代不一。例如，周代 1 步 =8 尺；秦至南北朝 1 步 =6 尺，1 里 =300 步；隋唐以后 1 步 =5 尺，1 里 =360 步。这里秦九韶使用 1 里 =360 步（隋唐制），而 1 步 =5.8 尺就不合一般规定了。

② “贯”是钱币单位，用绳索穿钱，一贯 =1000 文。

操作，百姓心服口服，各县分摊的出工数（徭役）就公平合理。事实上，秦九韶传递“徭役公平”的这个管理数学的信息与模式，实质是一种科学管理的方法，是他治国的具体措施之一。

这里还要说明，秦九韶关于本题的计算，本来可以用古代不定方程来解，虽繁但可。可是聪明的秦九韶舍繁，用他自主创新的“大衍求一术”，即现代称之为一次同余式组来解（略）。因此，“大衍求一术”可视为是我国古代求解不定方程的一种独特算法。

2．第五章赋役类“筑埂均功”题

原题说：“问四县共兴筑圩埂，长三十六里半。甲县出二千七百八十人，乙县出一千九百九十人，丙县出一千六百三十人，丁县出一千三百二十人。其甲县先差到一千五百四十四夫，丙县先差到九百六十五夫。欲知各合赋役埂长计几何？”（里法三百六十步）

本题大意说，甲、乙、丙、丁四县派工共同修筑防水土堤，土堤全长36.5里。给出各县派工人数，又说甲、丙县先派了出工人数。试问各县筑土堤长度各是多少？（1里＝360步）

本题又是一道四县修筑防水土堤所摊派徭役的工程管理的计算问题。秦九韶设计的数学模型，给出各县派工人数。虽然题中没有说明是按各县财力差异去摊派的，但根据上一题和下一题可以推测，他是按一定原则和标准确定派工人数的，体现出了他的徭役公平的主张。

3．第五章赋役类“移运均劳”题

题名指有关移运边防用的军粮，按各县、乡的财力、路途远近的原则确定摊派民工人数的计算问题。因为此题的文字较多，原题文此略。

本题大意说，今有三县五乡，摊派民工运输边防用的军粮到某郡去交纳。题中给出了总共派出的民工人数，三个县和五个乡分别至边防目的地的里数，以及各县、乡物（财）力各是多少的具体钱数（此略），试求三县、五乡各应派民工多少人？

秦九韶在本题中设计提出各县、乡合理摊派民工人数及其计算的方法，即按三县五乡的财力多少、路途远近平均运输，并使劳费相等。显然，秦九韶是受到《九章算术》“均输法”（即配分比例法）的影响，以及他的“劳逸乃同”的主张，设计与计算出各县、乡摊派的民工数。《数书九章》中还有类似问题，此处不一一列举了。

综上所述，可以明显地了解秦九韶关于摊派徭役公平合理的主张，亦即“劳逸乃同”。他给出了各种类型的数学模型和摊派原则与标准（比率），以及他的计算方法，这些举措无疑给制定徭役的官员给出了一套可操作的模式和计算方法，这与他征收赋税“取之有度”的思想是一脉相承的，表明他重视国计民生，关心国家收入和人民的生活，亦是他治国主张的又一个具体措施。

第四节　善于理财

财政收支自古有之，一直是历朝历代官府重视的问题之一，它是国家的生命线。养活大批军政官员、国家建设、防治天灾等的钱财，主要靠税收、贸易等而来。因此，财政管理对任何一个国家都是一个很重要的问题。

国家财政必须管好、用好，特别在秦九韶时代的南宋，蒙军压境，朝廷军备，预防灾荒，保证国家机器正常运转，都需要善于理财。因此，他在“述钱谷第六”的系文中说：

我闻理财，如智治水。
澄源浚流，维其深矣。

意思说，我听说治理财政的道理，就好像聪明人治水一样：澄清源头再疏通河道，治标治本，清除隐患，才能维持水深而畅。

这里的“源头”暗指财政收入，财政收入大都靠赋税。地方官府（州、郡）所收到的赋税要上交朝廷（即国税）。当时国税有三种：现金（金、银）、丝绢和佣金（运费）。按规定比例（国家与地方分配额）折算后运解京城存入国库。例如：

《数书九章》第六章钱谷类“折解轻赍[①]”题反映了这种情况。本题题名大意是甲、乙、丙、丁四郡，将按规定上交朝廷的银、绢等的数额运解京城的数学问题。由于本题文字很多，此处省略，只说其题意。

本题大意说：今有甲、乙、丙、丁四个郡，合起来“上供”（指地方征收的税按规定应该上交朝廷的银、绢等的部分数额运解京城）。题中列出了四郡上交的银、绢数额与佣金（运费），新会或旧会（相当于纸币）的具体的钱数、绢数，去京城的里数等数据（此略）。

本题最后说“诸郡银每五百两，绢每六十匹，新会每五千贯为担。欲并折新会，均作三限（指运送京城的银、绢的三个期限：初限、次限和末限）起解。求各郡每限及本色元理[②]折解实用、宽余佣钱各新会几何？”大意说，各郡银每500两，绢数60匹，新会每5000贯为一担。如果都折算成新会（新的纸币），并按三个期限运送去京城。试问各郡上交的银绢共折成新会各是多少？三个限期之钱是多少新会？各郡运送银绢的“元理”是新会的多少？“实用”佣钱、“宽余”佣钱各是新会的多少？这里“元理”“实用”和“宽余”等佣钱的原意都是指原来所定佣钱的标准。

类似的问题在第一章大衍类“推库额钱”题等中还有，此略。

所以，这些题所反映的地方财政收入按规定比例上交朝廷的实际情况，地方财政部门都要清清楚楚地记清账目，弄清财政应收的项目（即“澄源”），保证国家的财政收入不流失（即“浚流”）。正如秦九韶系文所形容“澄源浚流”。因为财政混乱，官吏欺瞒豪取（如贪污、截留、挪用等），国家收来的人民纳税的血汗资财都会殚尽，所以，认真理财是国计民生的大计之一。

可见，秦九韶十分关心财政，他在系文中通俗易懂地告诉财务官员，善于理财的重要性，应当开源节流，并把财政收支比喻为“如智治水，澄清浚流”。他的这种思想与他治国总纲中“惟俭昭德”的思想是一致的。

秦九韶不仅在系文中提出，而且还在《数书九章》正文中给出了具体的、善于理财的措施，如在第六章钱谷类中设置用数学工具进行理财的问题，下面

① “赍”此字不读箕 jī，而读资 zī，与资相通，意指钱财；“轻赍”原指官府所征赋税折收银两部分。“折解轻赍”，指地方收税所得，按规定折算后押运上交朝廷的银、绢等。

② “本色”指中国古代政府赋税中原定征收的实物。若改征为其他实物或货币，称折色。“元理”，意指原来定的标准。

一一进行探讨。

一、财力分配

国家财政用于国家机器的正常运转。在《数书九章》中，秦九韶设置的数学问题及其计算中，对于朝廷财政分配也有反映，例如：

第六章钱谷类“分定纲解”题（题名意思指州君官府按规定的比例，分配收来的税款划拨给户部、总所、运司三个部门的问题）。原题说：“问州郡合解诸司窠名钱，户部九十六万五千四百二十一贯文，总所六十四万三千六百一十四贯文，运司一万六千九十贯三百五十文。今诸窠名，先催到九千二百五十三贯六百二十文，欲照元额分数，均定桩米候解，合各几何？”

本题大意说，今有州郡当局将某项目收到的税款（窠名钱）分别拨款给户部、总所和运司三个官府部门。根据预算拨给户部、总所和运司的款数，但因州郡财政没有钱，现在将催收到的某项目的税收若干文，按原来拨款分配数额的比例先下拨一部分给它们。试问户部、总所和运司三个部门各拨得多少钱？

秦九韶设置此题，除介绍数学方法外，客观上还反映三点：一是财税是维持国家生存的财力来源，政府从人民手中收到的税钱，用于政府的财务，亦即官府财力源自纳税人老百姓，官府是用人民的钱，言外之意要珍惜使用；二是官府的政务财钱是按比例分配的，不是想要多少就给多少；三是反映当时该地财政困难，不能按原计划及时地一次性拨款，因有人拖欠税款，官府要派人催要，不能坐等纳税人上门主动交税，更不能让税款变成死账。这也是善于理财的内容之一。

二、储备粮食

战国时，魏国丞相李悝（公元前455—公元前395）是一位卓越的理财家，他倡导“尽地力之教”。鼓励农民勤谨耕作。首创“平籴法”（即在丰年由国家以平价购进粮食，储备粮食，灾年则平价出售，使粮价稳定的方法），使魏国富强起来。

在南宋，官吏的俸禄和军需要消耗大量的粮食，官府籴（买）入粮食，或者把储备粮粜（卖）给老百姓。《宋 · 食货上六》载：遇上某州县发生灾荒的时候，宋朝政府便把储备粮以平价卖出，或者无偿发放。所以宋朝开展了收购储备粮的工作，然而收购粮食是一件困难的工作，有时不能完成收购任务，南宋曾采取分配的办法强行收购储备粮。

国家储备粮食，是备战、备荒、为人民的重要国计民生的工程之一。因为，民以食为天，家中有粮，心中不慌，备粮是安邦治国的根本保证，所以为官者要振兴经济，善于理财，其中包含储粮的内容。

秦九韶在《数书九章》中反映了当时收购粮食的情况，第六章钱谷类，设置了一些数学问题及其计算方法，说明储粮治国的理财的雄才方略。例如：

1. 第六章钱谷类“推知籴数”题

“推知籴数”意思是推知官府用一定的钱可买多少粮食。原题说：“问和籴①三百万贯，求米石数。闻每石牙钱（中介人佣金或经纪人佣金）三十，籴场量米折支牙人（中介人或经纪人）所得，每石出牵钱（指运输费）八百，牙人量米四石六斗八合，折与牵头（运输主）。欲知米数、石价、牙钱、牙米、牵钱各几何？”（括号内的文字是笔者的解释，不是原题文字——笔者注）

本题大意说：官府用钱300万贯收购粮食，问能购得米多少石。听说，买1石米要付给中介人佣金30文，由交易场所把“牙钱”折合成米（即“牙米”）付给中介人。买卖粮食要运输，买1石，要付运输费800文，全部运输费由中介人折合成米付给运输主。试问购得米数、每石米价、牙钱、牙米和牵钱各是多少？

本题除介绍数学算法外，还反映了南宋朝廷购买储备粮要付出粮价以外的中间费用。牙钱、牵钱，这些中间费用不少，但是，为了备战、备荒、人民，有备无患，秦九韶认为朝廷应该不惜成本购买储备粮，这也是善于理财的治国方法之一。

① “和籴”是北魏以后历代政府向民间强制购买或派购粮食的一项措施。

2. 第六章钱谷类“积仓知数”题

原题说：“问和籴米运，借仓权顿，计五十敖[①]，毋敖阔一丈五尺，深三丈，米高一丈二尺。又借寺屋四十间，内二十五间，阔一丈二尺，深二丈五尺，米高一丈；内一十五间，各阔一丈三尺，深三丈，米高一丈二尺。欲知寺屋及仓容米共计几何？”

本题大意说，官府征收或购买的粮食等待转移运去储备粮基地，因粮食很多，官府仓房不够，现借仓房临时存放，计仓房 50 间，已知每间仓房的宽、深和米高。另外，又借了寺屋 40 间，其中 25 间，已知每间的宽、深和米高；另外 15 间，也知各间的宽、深和米高。试问这些寺庙和仓房共存放米多少石？

秦九韶设置“积仓知数”题，主要是计算官府临时存放粮食的数量和存粮的地方。从另一个方面看，秦九韶把储粮的保管等问题也作为善于理财的方法之一，真是为国为民，认真谨慎。

本题反映出官府收（征）购的粮食的数量很大，原有的仓库堆放不下，只好临时暂借寺屋和其他粮仓存放，等待转运。

有学者通过一些史料研究发现，南宋收的税粮很高，据瑞平二年（1235）记载隆兴府（今江西南）所辖附近的九个县，每县平均两万多石。因此，一个国家在丰收之时，千万要注意储备粮食，这是治国之道之一。

3. 第六章钱谷类“算回运费”题

原题说：“问有江西水运米一十二万三千四百石，元系至镇江交卸，计水程二千一百三十里，每石水脚[②]钱一贯二百文，十七界会子[③]。今截上件米，就池州安顿，池州至镇江八百八十里，欲收回不该水脚钱几何？”

本题大意说，从江西水路运米若干石，原计划这些米是水运到镇江交卸的。已知水路运费，但这些米只运到池州就卸下来了，池州至镇江还有 800 里，改水路为陆路运输。试问要收回不该付给的水路运费是多少钱？

秦九韶设置这道题，除讲在长江上水运后改为陆地运输费折算的数学

---

① “敖”指仓房。

② “水脚”，指水路运货的运费。

③ “会子”，指南宋的一种纸币。

问题外，另一方明也反映了当时储备粮的调集情况。同时，告诉管理者，运输时要注意节省开支、降低成本，不要浪费国家钱币，采取实运实付的理财原则，这与他“惟俭昭德”的治国总纲之一的思想互相辉映。

类似收（征）购储备粮的题目，《数书九章》上还有，如第六章钱谷类“课籴贵贱”题。“课”指考查或考量，本题就是讲考查核实不同地区所收购粮食的贵贱以及量器大小的问题，一般是离首都临安越远的地方米价越低。本题记叙的是当时官府派人到五个地方去购粮的实况，有可能是秦九韶为官时亲身策划收购储备粮的写照。本题详细内容，将在第六章第三节“反对剥削”里详细介绍。

三、公粮质量

农户交纳的公粮必须合格，必须把好质量关，保证公粮的入库质量。因此，秦九韶在第六章钱谷类中设计了“米谷粒分”题（即介绍怎样检验米中夹杂有多少谷粒的数学计算方法）。原题说：“问开仓受纳，有甲户米一千五百三十四石到廊。验得米内夹谷，乃于样内取米一捻，数计二百五十粒，内有谷二十八颗。凡粒米率，每勺三百。今欲知米内杂谷多少，以折米数科责[①]及粒，各几何？”

本题大意说，官府开仓开始收购农业公粮税，甲农户交来的米经质量检验，发现交来的米内夹杂着很多谷子，为了知道米内夹杂谷子的总数，先从这1534石米中任意取出一部分作为检验质量的样品，然后再从抽取样品米中取一捻米来数。今数得米一捻有254粒，其中夹杂谷子28颗。按勺率知道每勺有米300粒。试问甲农户所交来的公粮米内夹杂有多少谷子？原来米数（包含谷子折成的纯米数）折成米粒是多少？

我们知道，计算一批米中夹杂多少谷子，用通常的数学方法无法计算。为了检验公粮的质量，秦九韶在本题中给出了一种十分简单易行的方法，今称随机抽样的方法。他从总体（如甲户交纳米1534石）中取出部分个体作为样品，对其总体进行分析。这种从总体中任取出部分个体的过程今称为“抽样”，所取

① “科责”，指所征收钱物的改换之意。

出的部分今称为“样本”。秦九韶“于样内取出米一捻”便是抽取随机样本。米一捻“数计二百五十四米粒，内有谷二十八颗”，从而得到含谷所占比例为：$\frac{28}{254}=\frac{14}{127}$，进而求得“米内杂谷多少”。这种抽样思想正是我国古代数理统计学的萌芽。

因此，秦九韶在1247年超前地使用了西方17世纪以后才使用的随机抽样的方法(属今数理统计学的内容之一)。这在数学史上是一件了不起的事情，另外，这道题也反映了秦九韶为了保证国家征收公粮的质量达标，不使国家利益受到损失，他为此作出了贡献，同时也体现了秦九韶善于理财的思想。

综上所述，本节介绍了秦九韶善于理财的主张与具体措施，显然是全面和正确的。他为了增加国家经济，改善民生，注重财政分配，关心赋税收入、储备粮食、保证公粮质量等，都体现了他仁义理财的措施，力求开源节流、发展生产、振兴经济、保障供给。

第六章　关心民生

一个国家的国君应该把老百姓的吃饭、住房等民生问题放在首位。我国古代是一个以农业为主的社会，农民占绝大部分，农业生产成为国计民生的主要源泉。因此，古代精明的政治家，都注意“耕者有其田，居者有其屋”。

北宋被金国灭亡以后，南宋初年，战争减少。北方人口大量南迁，为南宋经济的发展提供了低廉的劳动力，南宋农业、手工业和商业有了较快发展并且开始繁荣。中国的经济中心移向南方，带动了南宋科学技术的发展。南宋的城市也发展起来，首都临安的人口就有 120 万之多，最多时达到 250 万人[①]，成为当时全国最繁华的城市。人民开始休养生息，安居乐业。

可是，由于南宋人口骤增，开发耕地、安置流民、持续发展南宋经济，成为官府的紧急任务。但是，南宋经济的发展和都市的繁荣却助长了朝廷投降派官员的腐朽心态，贫富悬殊增大，既得利益的权贵们，醉心于奢侈的生活，不关心民生，把收复北方失地的重任置于脑后，引起了人民的不满。

当时，南宋林升写了一首名诗《题临安邸》。此诗写在临安旅店的墙上，诗歌对南宋王朝统治集团中那些不顾家破国亡的耻辱、苟且偷生、过着荒淫生活、不关心民生的人进行了辛辣的讽刺和揭露，表达了诗人对腐败统治的忧愁的愤怒之情：

山外青山楼外楼，西湖歌舞几时休？
暖风熏得游人醉，直把杭州作汴州。

诗中说道：风景秀丽的杭州，青山之外有青山，楼台之外还有高楼。西湖上处处歌舞欢宴几时结束啊？这股暖风把从北方逃来的游人吹得好像喝多了酒，醉醺醺的，他们简直把这临时避难的杭州当成汴州了。

---

① 摘自：刘石九，中国历史上如何对待“京漂”，载《壹读》，2014 年第 3 期。

伟大诗人陆游在临死前也渴望宋朝的统一，留下用诗写成的遗嘱《示儿》：

死去元知万事空，但悲不见九州同。

王师北定中原日，家祭无忘告乃翁。

诗中说道，我原本知道人死后什么也没有了（“元”即“原”），但有件事最令人悲伤，这就是活着未能看到祖国的统一。儿子们啊，当我南宋王朝的军队收复了中原（指北宋）的那天，全家人祭祖时，千万不要忘记把这胜利的消息告诉你们的父亲。

显然，这首诗记载了当时人民的心声。

作为一州之长或通判的基层官员秦九韶，也看到了当时南宋社会政治、经济和民间情况，即在金兵侵扰、朝廷以皇帝和奸臣为首的退让求和派（实质是投降派）占上风时，他们不关心民生，特别是广大农民的衣食住行的民生问题。秦九韶在系文中呼吁“魁隗粒民”“取之有度”“物等敛赋”和百姓住房的“宅生寄宿”外，并且在《数书九章》中设置了一些数学问题，提出了一些关心民生的主张和具体措施。

秦九韶十分熟悉城建、军工、农田水利等土木工程的学问，可以更好地管理州郡的经济，他在这些领域内堪称能手。他在基层为官时，在关心民生方面做了大量工作，在上文的研究中，已经涉及了他关心民生的一些问题，本章再作进一步、集中的研讨。

第一节 耕者有田

我国古代农业主要解决口粮和穿衣问题，南宋人口增长很快，1223年南宋人口已达2832万[①]。北宋灭亡，中原地区一些人陆续迁移到南宋控制的江南数省。南宋领土只有北宋的三分之一，人口的骤增，致使南宋原有的可耕地面积的承载能力面临极大的压力，增加耕地面积成为统治者和广大农民十分重视的问题，因为土地是农民民生之本。秦九韶作为忧国忧民的地方官员，也很关注耕者有其

① 冯君实，中国历史大事年表，沈阳：辽宁人民出版社，1984年，第414页。

田的问题，他为了发展农业生产，不断扩大农民耕地面积，解决吃饭问题成为当务之急，表现在他著的《数书九章》中，如在第三章田域类记载了“计地容民”“围田先计”“斜荡求积”等9个数学问题，还在其他章也设置了怎样扩大耕地和准确计算面积等问题，这些内容于国于民都十分重要，体现了他“民以食为天”、关心民生的思想。

我国最早的《九章算术》以及古代算经中，虽有田地管理问题及其计算方法，但都十分简单而且不全面。因此，他根据当时的实际情况，提出了一些解决耕者有其田的方法和数学计算问题，落实民生问题。

秦九韶研究后考虑到，扩大耕地的地方很多，于是他在书中具体地提出在如下地方扩大耕地。

例如，可以在沿海新增加的“海田”，在沿湖淤积的湖田，在江畔、海边低洼地段四周筑堤的围海（湖）造“沙田”……这些田称为圩田。当然，也有在山陵等处毁林开垦的梯田等。

“圩（读围 wéi 或读许 xǔ。这里读 wéi）田”是当时土地开发的重要举措。“圩田”或“围田”指有土堤包围能防止外边的水浸入的稻（耕）田。

我国圩田历史悠久，江淮太湖流域的圩田，最早见于春秋中期，南北朝时期《常昭合志稿》就有记载，梁大同六年“低乡田皆筑圩，足以御水，而涝也不为患，以故常熟”。唐代中期以来，太湖地区的圩田已经发展成一定规模布局的成片塘浦圩田。南宋以后圩田发展到珠江流域及湖南、湖北等江湖地带。因此，圩田是江浙太湖地区农民的重要治水造田经验之一。

下面介绍秦九韶开发田地，解决骤增人口和安置流民等扩大耕地的民生工程问题。

一、围田先计

秦九韶在《数书九章》中，设计了一些围田工程，例如，第三章田域类“围田先计”题，比较详尽地设计了一个圩田工程的蓝图与施工等计算问题。原题说：“问有草荡一所，广三里，纵一百十八里。夏日水深二尺五寸，与溪面等平。溪阔一十三丈，流长一百三十五里入湖。冬日水深一尺。欲趁此时，围裹成田。

于荡中顺纵开大港一条，磬折[①]通溪。顺广开小港二十四条，其深同。其小港阔，比大港六分之一。大港深，比大港面三分之一。大小港底，各不及面一尺。取土为埂，高一丈，上广六尺，下广一丈二尺。荡纵当溪，其岸高、广倍其埂数。上下流各立斗门[②]一所，须令田内止容水八寸，遏余水复溪入湖。里法三百六十步，步法五尺。欲知田积，埂土积，大小港底面深阔，冬夏积水，田港容水，遏水，溪面泛高各几何？”

本题大意说，有一大片长草的浅水荡，已知长（纵）宽（广）的里数，夏天时水深与溪面等平。已知溪阔、溪长的里数，溪水流入湖。冬天时水浅。若趁冬天水浅时，将此草荡修建围成田。设计在浅水荡中顺其长的方向开出一条大港的话，大港按照古代打击乐器“磬”的形状“㇗”通入溪内。顺草荡宽的方向开小港 24 条，小港的深度都相同，给出小港的阔与大港的阔。大港的深与大港面阔的比值。又知大小港的底面阔的大小。取土筑成堤埂，给出埂高、土宽和下宽的数据，最后给出了筑堤的要求：荡纵与溪平行，岸高（宽）分别是埂高（宽）的 2 倍。上、下开斗（闸）门以保持积水量。试问草荡围成田积，堤埂的体积。大小港的底面积深阔各是多少？冬夏蓄水、田港容水、控制流失的水，以及溪面涨高又各是多少？

秦九韶画出了如图 6-1 所示的图形。

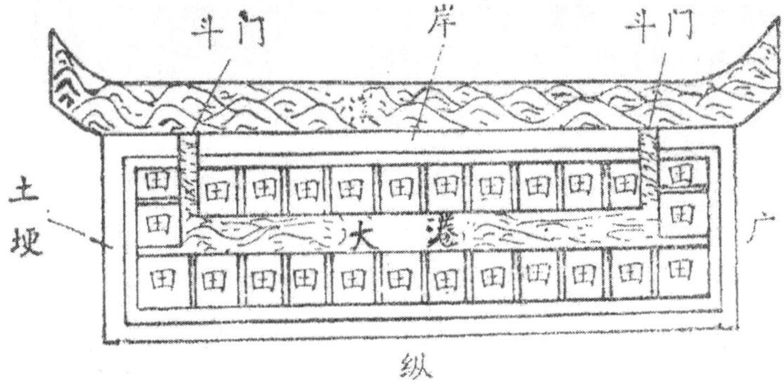

图 6-1 围荡成田图

显然，经过计算得知，此题是讲围成一大片长草的浅水荡为 1800 余顷耕地

① “磬”，音庆 qìng，古代石制乐器，形似曲尺；“磬折”指像磬形状的曲折。
② “斗门”，即闸门。

的设计蓝图和计算问题。若围田成功，1800 余顷（1 顷为 100 亩）的田地，假设每户分 15 亩，则可解决 1244 户农民（或流民）的耕地问题。

秦九韶设计的这道扩大耕地的宏伟圩田工程，亦是一项水利工程，他是经过考证后提出来的，他的设想的可能性、施工的可操作性、效益的可靠性等都是经过精确的数学计算得出的，并且他提出围田的施工最佳时间，即秋冬枯水季节，水浅易于施工，夏季水大可蓄水。同时，围田的布局、开大小港、溪水流动等可以保证防洪、排涝，可使农田作物旱涝保收。

秦九韶熟悉圩田工程，推测秦九韶为官时，可能经历过这类工程。因此，他设计的蓝图是合理的。他知道北宋时期的范仲淹（989—1052）曾主持过修建圩田，在范仲淹《答手诏条陈十事》（1043 年）中记载："江南旧有圩田，每一圩方数十里，如大城。中有河渠，外有门闸。旱则开闸引江水之利，涝则闭闸拒江水之害，旱涝不及，为农美利。"

类似扩大耕地的围田工程，秦九韶在《数书九章》除第三章田域类外，在第五章赋役类如"围田租亩"（第五章第一节"一"中已介绍）和"筑埂均功"，第七章营建类"计造石坝"等中都有范例，我们将在下文介绍。

二、开垦湖田

秦九韶在第三章田域类"斜荡求积"题中讲了这类问题，原题说："问有荡一所，正北阔一十七里，自南尖穿径中长二十四里，东南斜二十里，东北斜一十五里，西斜二十六里。欲知亩积几何？"

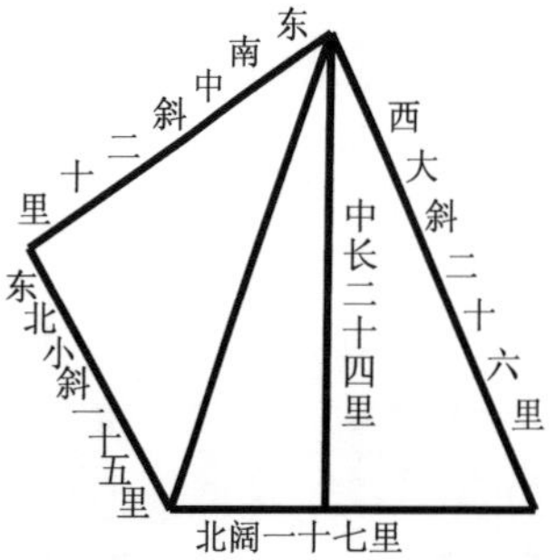

图 6-2 "斜荡求积"题示意图

秦九韶画出了如图 6-2 所示的图形。

本题大意说，今有一块浅水湖荡，形状为四边形（图 6-2），四边形北长（阔）17 里，中长 24 里，东南中斜 20 里，东北小斜 15 里，西大斜 26 里。试问这块浅水湖荡的面积是多少？

显然，秦九韶设计了开垦浅水湖荡为耕田的圩田开发的数学问题及其解法。从另一方面看，这块围湖变良田约有 191 160 亩，若每户分 15 亩，则可容纳 12 744 户无地农民，不仅扩大了耕地面积，还解决了一些缺地或无地的农（或流）民的耕地，亦是一项民生工程。

三、沙洲绿田

秦九韶在第三章田域类“计地容民”题中讲开发沿海沙田扩大为耕地面积，分给无（少）地农（流）民的问题，他计算出了沙田能容纳多少户的耕地。

原题说:“问沙洲一段，形如棹刀[①]，广一千九百二十步，纵三千六百步，大斜两千五百步，小斜一千八百二十步，以安集流民，每户给一十五亩，欲知地积，容民几何？”

秦九韶画出了如图 6-3 所示的图形。

本题大意说，今有一块沙洲，形状像划船的桨，如图 6-3 所示的四边形，广为 1920 步，纵为 3600 步，大斜为 2500 步，小斜为 1820 步。现在用这块沙洲安置无地流民，若每户给 15 亩。试问这块沙洲的面积是多少？能够容纳多少户无地的流民？

秦九韶书上计算有误，今人纠正后地积有 203 顷 50 亩，可安置容纳流民 1356 户，余 10 亩。

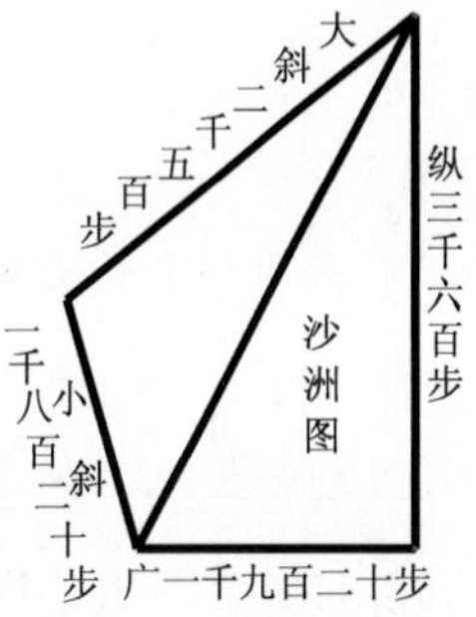

图 6-3 “计地容民”题示意图

此外，第三章田域类“三斜求积”题（已知三角形三边求三角形地积），也是利用江河海边围成的沙淤地造成的沙田。经秦九韶计算出这块田积有 315 顷，折合为 31 500 亩，假设每户分田 15 亩，则可容纳无地农民 2100 户。

总之，秦九韶设置沙洲变绿田，扩大耕地面积，也是解决民生耕地的具体措施之一。

第二节 居者有房

秦九韶除关心农民土地，老百姓的吃饭问题外，还关注居者有房住的问题。

① “棹”，音赵 zhào，“棹刀”，指形似划船的桨。

当时，南宋的城镇人口增加，加上北宋逃亡来的人逐渐增多，住房成为老百姓的一大难题。官府、房屋建造商或房屋富有者，为了私利，提高房价或租金，一般的老百姓买（修）不起房，大都靠租房屋居住。作为一州之长或通判的秦九韶，在处理本职工作中深感普通老百姓住房难、住房贵。于是，他提出官府或房屋建造者应当建造廉价租房，并对现有出租房的租金进行减租。

孟子说："天下之本在国，国之本在家，家之本在身。"（《孟子·离娄》）秦九韶认为，古今把家庭放在重要位置，可见家庭是社会的细胞，家庭联结着社会，家庭的发展又能影响人与社会的发展。因此，解决家庭住房的民生问题是十分重要的，处理不好，会影响家庭稳定和人民的安居乐业。因此，他在系文和正文中大声疾呼，国家在营建城池、住房时，要精心设计，降低成本，使人人有房住。例如，在"述钱谷第六"中的系文中说：

斯城斯池，乃栋乃宇。
宅生寄命，以保以聚。

意思说，座座城池，幢幢房屋，是百姓生存托命的场所，居者有其房，用以保全和聚居的地方。

房价攀高，普通老百姓买不起，为了保障老百姓住房，必须建造"廉租房"，房租的租金不能过高，同时房租过高的，必须减少租金。秦九韶在第九章"市物类"中设置了"僦[①]直推原"题，原题说："问房廊数内一户，日纳一百五十六文八分足。为准指挥[②]未曾经减者减三分；已曾经减三分者减二分；已曾经减二分者更减二分。今本户，累经减者。欲知元额房钱几何？"

本题大意说，今有一家租房住户，每日交纳房租钱 156 文 8 分。按减租规定，从未减过房租的减三分（指原房租的十分之三）；已经减过三分的再减二分（指原房租的十分之二）；已经减过二分的再减二分（指房租的十分之二）。今本租住户，属于累次都减过房租的。问原来每日应交房租多少钱？

秦九韶设置此题，除介绍数学计算外，从另一方面来看，反映了为保障居者有住房住，对那些租房住的人的租金不能过高，过高的必须减租金，减过一

① "僦"，音就 jiù，意为租赁。
② "准指挥"，意为按规定。

次的还不够，还要减租，并给出了减租的数额，相当于现在的“廉租房”。

第三节 反对剥削

南宋政局时有内忧外侮，经济也不稳定。官府或地主、奸商等的粮食量器大斗进小斗出，从中剥削农民和消费者；官府滥发钱币，扰乱社会金融秩序从中谋利；民间高利贷盛行……秦九韶反对剥削，他在《数书九章》中进行揭露，提出了钱谷问题上的国计民生的主张。

一、大斗小器

秦九韶发现，当时各地量制与国家标准量器大小不同，官府、地主和奸商大斗进小斗出地剥削农民和消费者，他在《数书九章》中进行了曝光和揭露。例如：

1．第一章大衍类“分粜推原”题

本题讲农民出售自产米时，各地量器标准不一，被买方大斗买进，剥削农民。原题说：“问有上农三人，力田所收之米，系用足斗均分，各往他处出粜，甲粜与本郡官场，余三斗二升；乙粜与安吉乡民，余七斗；丙粜与平江揽户，余三斗。欲知共米及三人所分各粜石数几何？”

本题大意说，今有甲、乙、丙三户农民，将三人自种收获的米平均分配，各人将分得相同数量的米运往他处销售。甲卖（粜）米给本县（郡）官场后，余米3斗2升；乙卖米给安吉（今浙江省湖州市）乡民后，余米7斗；丙卖米给平江（今江苏省苏州市）揽户后，余3斗。试问三位农民总共收获多少石米？他们各自分米多少石？

秦九韶用他创造的“大衍求一术”，即今称的一次同余式组的解法算出结果。我们这里强调的不是解法（因有数学史书已介绍），而是从解出的答案中发现各地量器标准不一。比如，本题中，三人平均分得米的数量相同，都分别运去远近不同的三地卖米，各个地方的量器大小差别却很大。又从秦九韶的解法中可知，当时南宋度量衡的管理机构是文思院，它们的量器叫官斛（音胡 hú，容量单位），“官斛”是南宋政府机构文思院所颁发的国家标准量器。1 斛＝ 10 斗，1 斗＝ 10 升，1 升＝ 10 合，容量单位 1 石 =10 斗（“石”在古书中读 shí）。

根据本题原注给出的数据可知，官斛八斗三升即 8.3 斗；安吉乡斛一石一斗，即 11 斗；平江斛一石三斗五升，即 13.5 斗。容易算出，安吉斛、平江斛与官斛的比率：官斛一斗相当于安吉斛 1.325 斗（$11 \div 8.3 \approx 1.325$）；官斛一斗相当于平江斛 1.625 斗（$13.5 \div 8.3 \approx 1.625$）。

显然，粮商的量器都大于官斛，买家大斗收进粮食，农民吃亏了，而出售时用小斗量器卖出，这仅是范例之一。

2．第六章钱谷类“课粜贵贱”题

本题除了反映南宋各地粮价不同外，还披露出各地的量器也不同。原题说：“问差人五路和籴，据甲浙西平江府石价三十五贯文，一百三十五合①，至镇江水脚钱，每石九百文。安吉州石价二十九贯五百文，一百一十合②，至镇江水脚钱，每石一贯二百文。江西隆兴府石价二十八贯一百文，一百一十五合③，至建康水脚钱，每石一贯七百文。吉州石价二十五贯八百五十文，一百二十合④，至建康水脚钱，每石二贯九百文。湖广潭州石价二十七贯三百文，一百一十八合⑤，至鄂州水脚钱，每石二贯一百文。其钱，并十七界官会。其米，并用文思院斛。交量细数，欲皆以官斛计石钱，相比贵贱几何？文思院斛，每斗八十三合。”

本题大意说，官府派五个人到浙西平江府（今江苏苏州市）、安吉州（今浙江湖州市）、江西隆兴府（今江西省南昌市）、吉州（今江西省吉安市）和湖广潭州（今湖南省长沙市）五个地方采购粮食。题中给出了这些州、府的米价、1 斗容量、水脚钱（运费），此略。按照当时规定：钱，用官府发行的纸币十七界会子；米，用南宋文思院颁发的标准器量官斛（每斗 83 合），皆用官斛来计

① 此处数据为平江府米价与量器 1 斗的容量。
② 此处数据为安吉州米价与量器 1 斗的容量。
③ 此处数据为隆兴府米价与量器 1 斗的容量。
④ 此处数据为吉州米价与量器 1 斗的容量。
⑤ 此处数据为潭州米价与量器 1 斗的容量。

算每石的价钱。试比较各地区州、府米官斛石价的贵贱。

这里，我们不去研究秦九韶在本题中给出的如下公式的来由：

$$官斛石钱=\frac{(原石价+水脚钱)\times官斛每斗合数}{原每斗合数}$$

但由公式可计算出5个地区的粮价（离首都越近粮价越高）。而是关心他在题中给出了各州、府的斛量器的大小。从题中可知其比率（1石＝10斗）：

官斛1斗相当于平江府斛135合，亦即1石是1.35石。

官斛1斗相当于安吉州斛110合，亦即1石是1.1石。

官斛1斗相当于隆兴府斛115合，亦即1石是1.15石。

官斛1斗相当于吉州斛120合，亦即1石是1.2石。

官斛1斗相当于潭州斛118合，亦即1石是1.18石。

从上可知，秦九韶设置这类数学问题，反映了当时官府、地主和奸商加大量器的容量，各地的量器都比官斛大，在收购农民粮食时对农民进行剥削。

二、滥发钱币

宋代钱币种类繁多，有铜钱、铁钱、金或银、纸币（会子与度牒）和盐钞等。后来实行“铜禁”即严禁铜铸的钱币，不准在对外贸易中使用，防止外流。用什么来作为货币呢？秦九韶在《数书九章》第六章钱谷类和第九章市物类中设置的数学问题中披露，商人用的本钱是金、银、盐钞和纸币（如会子与度牒）。盐钞和纸币是宋朝特有的货币。盐钞是在产盐领地取盐的凭证，由于当时盐、铁都是官府经营，所以有通用性，可作为有价证券流通。

两宋政府都发行纸币，这是世界最早的纸币。北宋叫“交子”，南宋称为“会子”。会子和铜钱、铁钱一样可以在国内各种交易中流通。开始时，发行纸币都有一定数量和规定使用年限（如以三年为“界”），到期可到政府指定的机构，将旧会子兑换成新会子。后来会子越发越多，“界”也延长为十二界、十七界等。后来纸币一再滥发且不能兑现，从而使会子贬值。秦九韶在“折解轻赍”题中记载，不同地方会子的价值不一样，有高有低，新、旧会子兑换之比是1∶5。

“度牒”原来是官府发给出家的僧道人的证书，持有度牒者表示已“出家”，可以免除地税和徭役。后来，官府出售度牒以所获作为军政费用，成为人民正税之外的负担。从秦九韶设置的数学问题看出，度牒在南宋已成为一种纸币了。

在金人入侵时期，南宋政府的官僚、军需等急剧增加，大量消耗粮食，粮价上涨，政府买粮付钱增多，为此大量发行纸币，造成货币贬值，过去 1 分钱可以买的东西，现在要 10 分钱才可以买到。

因此，秦九韶在书中对滥发钱币、剥削人民的情况，给予了揭露和批评。例如：

1．第六章钱谷类“折解轻赍”题

原题说“问有甲、乙、丙、丁四郡，各合起上供（上交朝廷）银、绢。……”（此省略处的内容是：甲、乙、丙、丁各郡，往京城运去银、绢、佣钱和新旧会子的数据。本题的部分内容见第五章第四节“善于理财”）

本题里就有会子的不同价值。如在本题的“术文”（即解法）中有“以五约旧会为新会”，这就是说，当时新、旧会子兑换（或者使用时）之比是 1 ∶ 5，这表明当时旧会子的贬值是惊人的。

2．第六章钱谷类“算回运费”题

原题文已在第五章第四节“储备粮食”中记录出，此略。本题介绍在长江上先水运粮食后改为陆地货运中的运费折算问题，题中记载了用十七界会子支付水运运费的情况。

在上文“课籴贵贱”（考量不同地区收购粮价的高低）一题中，支付运费也是使用的十七界会子。

3．第九章市物类“均货推本”题

原题文很长，此略。本题大意说，四个商人合股在东南亚地区经商，商人用的本钱是金、银、盐钞和度牒。

4．第九章市物类“互易推本”题

原题说：“问出度牒，差人营运。每三道，易盐一十三袋；盐二袋，易布八十四匹；布一十五匹，易绢三匹半；绢六匹，易银七两二钱。今趁到银九千一百七十二两八钱。欲知元关度牒道数几何？”

本题大意说，今有商人拿出度牒，派人去交易。已知，度牒3道，可换盐13袋(即3道度牒与13袋盐等价)；盐2袋可换布84匹(即2袋盐与84匹布等价)；布15匹，可换绢3.5匹（即15匹布与3.5匹绢等价）；绢6匹可换银7.2两（即6匹绢与7.2两银等价）。今换得9172.8两银。试问原来拿出的度牒是多少道？

显然，秦九韶设置的数学问题，反映度牒在南宋已成为一种广泛流通的货币。

总之，以上举出的题目表明，南宋政局内忧外侮、经济衰弱时，以滥发会子和度牒弥补中央财政的巨额支出，而且新旧会子不能按时兑换，纵使能够兑换，比率也很低，实质上会子贬值，稀释了持有会子、度牒者的钱财。从另一方面来看，这也是秦九韶反对朝廷金融剥削的实录。

三、高额利息

高利贷在我国古代很早就产生了。例如，公元25年，光武帝刘秀定都洛阳，开创了东汉王朝。在封建君主统治下，苛政犹如猛虎，捐税名目繁多，高利贷剥削十分猖獗，《九章算术》多处记录了汉朝或秦朝这种高利贷的史实。例如，《九章算术》衰分章第20题:“今有贷人千钱月息三十。今有贷人七百五钱，九日归之，问息几何。”答曰：六钱四分钱之三。此题月利为3%。

据史书记载，南宋时期的高利贷剥削十分繁重，其高利贷是多种多样的，除私人高利贷外，政府也发放高利贷。秦九韶在《数书九章》中，揭露了高利贷的情况，例如：

1. 第六章钱谷类“累收库本”题

原题说：“问有库本钱五十万贯，月息六厘半。令今掌事每月带本利纳息，共还一十万。欲知几何月而纳足，并末后畸[①]钱多少？”

本题大意说，今有一官府的钱库放出一笔贷款，月利息为6.5厘（即6.5%）。官府要求钱库经管人员每月连本带利共还10万贯文。试问要几个月才能将本利收回，末后一月的余钱是多少？

---

① “畸”，音奇 jī，意为零星数目。

显然，这是一个政府发放高利贷的例证之一。秦九韶给出了计算方法与结果。这里我们只关心利息问题，根据他的“草曰”（进一步详细解题步骤的算草）：“置本五十万贯，以六厘五毫乘入共本内，得五十三万两千五百贯文。”可知，一个月纳息 32 500 贯文（即 500 000×0.065=32 500），显然，官府的利息还是比较高的。

2．第九章市物类“推求本息”题

本题讲贷不同的款，不同利率，推求其利息。原题说：“问三库息例，万贯以上。一厘（1%—— 笔者注，余同）；千贯以上，二厘五毫（2.5%）；百贯以上，3 厘（3%）。甲库本四十九万三千八百贯，乙库本三十七万三百贯，丙库本二十四万六千八百贯。今三库共纳到息钱二万五千六百四十四贯二百文。其典率，甲反锥差，乙方锥差，丙蒺藜差[①]。欲知元典三例本息各几何？”

本题大意说，有三个发放贷款的地方，按贷款的多少有三种不同的利息（1%、2.5%、3%）。甲、乙、丙三库各有本（金）（略）。今三库共得到利息 25 644 贯 200 文。给出库本放贷款份数的比例，即甲反锥差、乙方锥差、丙蒺藜差。试问三库各得利息是多少？三种不同的利息又各是多少？

秦九韶设置这道特殊利息的数学问题，披露了南宋曾有过这种贷款，按贷款的多少计息，贷款钱越多利率越少，打破了以存、贷款按年、月、日计息的传统（本题未说是年息还是月息）。这里，我们要说明的是秦九韶创造了三个新名词：“反锥差”“方锥差”“蒺藜差”。据李迪教授说：“这三个名词不见于他书，是为经济史上的新资料。李倍始在他的著作中已经提到了这件事情。”（引自吴文俊主编《秦九韶与〈数书九章〉》）。

3．第九章市物类“推求典本”题（推求典当利率问题）

原题说：“问典库[②]今年二月二十九日，有人取解一号主家，听得当事共计算本息一百六十贯八百三十二文，称系前岁头腊月半[③]解去[④]，月利息二分二厘，

① “反锥差”“方锥差”“蒺藜差”，是指各库本钱（金）万、千、百份数的三种比例；“反锥差”为 3 ∶ 2 ∶ 1；“方锥差”为 1 ∶ 4 ∶ 9，“蒺藜差”为 1 ∶ 2 ∶ 6。

② “典库”，指今当铺。

③ “前岁头腊月半”，指前年前 12 月 15 日，一月以 30 天计，到前年末为 15+30=45（天）。

④ “解去”的“解”相当于典当之意。

欲知元本几何？”

本题大意说，有一个当铺有人来取一号当主典当的物品。根据当铺经管人员计算，当主共应付本息若干。典当铺给的款是前年头腊月半付出的，月息2分2厘（即22%）。试问原来典当者给的本金是多少？

秦九韶设置了典当利率的问题及其计算方法。我们这里不去研究计算方法，主要关注的是利率问题。从题文中披露月息二分二厘，即22%，显然是高得惊人。

典当就是把东西抵押出去，得到一些钱，到典当的期限，再拿钱把东西赎回，但要付给当铺一定的利息。显然，题中说典当利息费是22%，这是很高的。若从当铺拿1文钱的典当费，到一个月后就得支付给当铺2分2厘文的利息。

当然，关于这道题中“月利息二分二厘”，今人有两种不同的理解。例如，在钱宝琮的《宋元数学史论文集》（科学出版社，1966年，第102页）和沈康身的《秦九韶与〈数书九章〉》（北京师范大学出版社，1987年，第271页）中，他们理解为2.2%；而李迪等理解为22%。但陈信传、张文材和周冠文在《〈数书九章〉今译及研究》（贵州教育出版社，1992年，第511-512页）中认为，经过他们的计算本题的月利率应为2.2%，秦书上的22%是有误的。

也可能是，秦九韶了解到典当利率是曾有22%的，但在编撰本题时“题文表述上欠准确也有关系”。

总之，通过以上各例可以看出，当时官府或民间贷款利率很高，表达出秦九韶反对高利贷剥削的主张。

第四节 反对贪官

我国古代帝制时代的通病是好官少，酷吏多。那些权臣，更是巧立名目，盘剥百姓。百姓诉求无门，只好以编段子、传民谣的形式反对贪官、反对腐败。例如，北宋末年宋徽宗在位时期（1100—1126）的奸臣蔡京（1047—1126）和宦官童贯（1054—1126）（两人是宋末六贼之二，除蔡京病死之外，其余5人均被处死），他们相互勾结，结党营私，掌权祸国，打击异己，公行贿赂。百姓反腐无门，只好编民谣反对，例如，“打破筒，泼了菜，便是人间好世界”。这里的“筒”指童贯，“菜”指蔡京。这首民谣表达了百姓对奸臣和恶政的深恶痛绝。

在宋末，朝廷官员不但横征暴敛，而且卖官卖官鬻爵，有一首民谣揭露了这种公开贿赂的丑恶现象：“三千索，直密阁。五百贯，擢通判。”当时，一千文铜钱为一索或一贯，大致相当于一两银子。因此，民谣揭露的是三千两银子可买一个秘阁官员（大约是五品以上），五百两银子可买一个地方官员（通判）。可见，当时卖官卖爵已经明码标价了，表明当时官场风气堕落的程度[①]。

我国历朝历代都有贪官。执政的官员也都在进行廉政建设，整治和防止各级官吏贪污受贿。历代反腐奇招很多，据郭建“历代反腐奇招”（载《人民论坛》2009年12期）一文可知：一方面对贪官处予酷刑，如两汉对贪赃10金以上均处以“弃市”刑，即在闹市中执行死刑后将犯人暴尸街头，并规定其子孙不得为官。唐朝赃吏“多于朝堂决杀”。宋朝发誓虽不得滥杀士大夫，但贪官赃吏仍处以“弃市”刑。明代朱元璋还曾剥下贪官之皮示众……。另一方面，颁布种种“官箴”，张贴或石刻在各级衙门里，告诫官员要廉洁自律。据史书载：五代十国时期的后蜀主孟昶（934—965在位，“昶”音敞chǎng）所撰写的“戒石铭”流传时间最长、传播地域最广。当时全文有24句、96个字的“戒石铭”曾刻写在各州府的衙门树立的石碑上，全文是：

朕念赤子，旰食宵衣。言之令长，托养惠绥。
政存三异，道在七丝。驱鸡为理，留犊为规。
宽猛得所，风俗所移。无令侵削，无使疮痍。
下民易虐，上天难欺。赋与是切，军国是资。
朕之赏罚，固不逾时。尔俸尔禄，民膏民脂。
为民父母，莫不仁慈。勉为尔戒，体朕深思。

后来，北宋灭了后蜀，宋太宗赵光义又从这个“戒石铭”里选了4句16个字“尔俸尔禄，民膏民脂，下民易虐，上天难欺”抄写颁给地方官吏。到了南宋高宗时，又再三命令诗人、大书法家黄庭坚（1045—1105）书写并颁发到各个州县，要求刻石后放置在“座右”。后来这16个字的座右铭流传到宋、元、明、

① 摘自：晏建怀，“民谣里的宋朝”，载2014年8月25日《学习日报》。

清四个朝代，长达七八百年之久。

但是，历代封建王朝的统治者惩治官员“总是雷声大雨点小”。就是惩贪力度大、最严厉的明代朱元璋皇帝，也是先严后松。今有人说，他是人治而不是法治，贪腐因之而失败。

看来，酷刑与戒石铭虽有一定作用，但未达到有效地防治腐败与贪官污吏的效果，甚至有的朝廷贪污腐化成了结束这个朝代的重要原因之一。

秦九韶所在的宋朝，官员的俸禄比其他朝代的都优厚。例如，北宋从宋太祖到宋徽宗时期的官员俸禄一直在增加，“月薪饷最高达400贯（一贯为千文），是汉代的10倍，清代的2～6倍（引自《广州日报》2010年12月15日一文）。又据《宋史·职官志》记载，宰相、枢密使一级的官员，每月三百贯，春、冬服各绫二十匹，绢三十匹，绵百两，禄粟月一百石。按当时收入计算，一个宰相级别的官员仅仅是公开的年工资收入就相当于当时一个中产之家年收入总和的30倍。地方州县一级的官员收入，除俸钱外，还有禄米、绫、罗、绵等补贴，此外还有各种福利，名目繁多，如茶酒钱、厨料钱、马料钱等，甚至官员家中役使的仆人衣食与工钱，也由政府发放。各种公开钱物补贴收入很多。

那么，宋朝的“高薪”是否“养廉”呢？结果是两宋官员中贪污腐败的不断，高薪养不了廉，结果养出了像蔡京、高俅等一批遗臭万年的大贪官（转引自赵柒斤，北宋“养廉”与大明“肃贪”，中国青年报，2012年12月10日）。例如，蔡京当上宰相后，贪污受贿，挥霍国库钱财无度，是当时最典型的代表之一，这与当朝节俭皇帝宋高宗成为鲜明对比。又如，南宋孝宗皇帝宠爱的两个在朝廷閤（音阁gé）门司（负责朝见、庆社、宴会、礼仪等）的官员曾觌（音迪dí）和龙大渊，朋比为奸，干扰朝政，广收贿赂，并积极主和，打击主战派。权震中外，声势甚张。

秦九韶身为官吏，置身在官场，亲眼目睹了朝廷一些官员的贪腐，甚至小官小吏也采取各种手段，搜刮民脂民膏。他在《数书九章》述钱谷第六的系文中写道：

商征边籴，后世多端。
吏缘为欺，上下俱殚。

意思说，官府征集边防军粮，后世发生过许多种弊端。贪官污吏借此欺诈百姓，使得朝廷和百姓都害怕。

秦九韶不止一次提出反对贪官污吏，如前面“施仁政”的主张中说：“彼昧弗察，惨急烦刑。”（可恨那些贪官污吏，急于敛财，还要采取威胁或酷刑对待纳税人。）

事实上，南宋被元朝所灭的主要原因，除皇帝昏庸无能，任用奸臣或裙带以不学无术的人担任国家骨干官员以及国富不强军外，重要的一条是，朝廷和各级州县的许多官吏，普遍以权谋私，贪赃枉法，行贿受贿，敲诈勒索，挥霍财富，腐化堕落。因此，身为基层官员的秦九韶，也在《数书九章》的系文中给予揭露批判，大声呼吁，反对贪官污吏。

第七章　天文历法

我国历朝历代都重视天文历法和雨雪测量的天文气象，因为它关系到农业收成，是人民和国家的生命线之一。秦九韶在《数书九章》“述天时第二”的系文中说：

七精回穹，人事之纪。
追缀而求，宵星昼晷。
历久则疏，性智能革。
不寻天道，模袭何益。
三农务穑[①]，厥施自天。
以滋以生，雨膏雪零。
司牧闵焉，尺寸验之。
积以器移，忧喜皆非。

意思说，七大行星，苍穹回旋，是人世间事务的纲纪。为了追索和探求天象的轨迹，夜看星座而白天使用日晷之器（即日影测量）。历法用久了就会出现误差，聪明的人能够改革旧历。如果不去探索自然规律，只会模仿和因袭又有何益。农夫辛勤地耕种收获，很大程度上还要靠天。庄稼得到滋养才能生长，离不开雨露和雪水浇灌。农业官员忧虑着天文气象，(他们)用器皿检测雨雪之量。不同器皿会量出不同的结果，不必时忧时喜，而应心态平常。

秦九韶担任过州的通判或太守，十分关注天文历法和气象，他认为改革历法和重视气象是科学治国、解决民生的大事之一。他在少年和任职时学习、经历和研究了这些问题。根据平时积累的资料，秦九韶在第二章天时类中集中设置了九个数学问题，涉及有关天文、历法和雨雪测量等天象的内容，落实了他在系文中的思想。

---

① “穑”，音色 sè，原意为收割庄稼。

第一节 历久则疏

我国古代的历算家如刘洪（约 129—210）、祖冲之（429—500）、刘焯（544—610）、僧一行即张遂（683—727）……在历法改革中功不可没。秦九韶继承和发展前辈历法改革，在天文历法的改革中的贡献也不少。他关于历法的奏稿（已失传）曾上书朝廷，提出“历久则疏”的不断改革论，主张创新历法，“模袭何益”。

什么是天文、历法？天文指日月星辰等天体在宇宙间分布运行等现象。而历法指用年、月、日计算时间的方法，主要分阳历、阴历和阴阳历三种（今天国际通用的公历就是阳历的一种；伊斯兰教历就是阴历的一种；农历就是阴阳历的一种）。

天文历法的制定和颁布是十分严格的。古代历法是经过朝廷太史局里的专家科学研究制定的，最后由皇帝颁布。这种历法俗称历书。过去的历书又称“历日”“宪书”“通书”。在封建帝王时代，由于它是皇帝颁布的，所以人们又称它为“黄历”。

我国天文历法在 13 世纪时就居世界先进行列。在天文历法领域内，秦九韶少年时“访习于太史”，利用其父在朝廷所管辖的“太史局”，读了许多皇家天文历法的藏书，以及向太史请教或亲身实践，学会了观测记录、分析日月、星辰、风云和气候等的方法，学懂了历法原理和编制历法的方法，特别是怎样利用数学方法处理天文历法数据。

因此，秦九韶在天文历法方面，尽其所学，潜心研究，把天文历法的研究成果写成数学形式的问题，“以拟于用”（应用于实际）、“立术具草”（介绍原理、定义和解题步骤，进一步详细解释解题步骤的算草），“恐或可备博学多识君子之余观”，即提供给博学之人学习参考。并且，秦九韶又在《数书九章》第二章“治历演纪”术文末表示，他愿意用自己的数学、天文学等方面的知识与才能为社会服务，“数理精微，不易窥识，穷年致志，感于梦寐，幸而得之，谨于敢隐”（意思说，数学原理精深微妙，是不易认识的，经过长年累月的钻研数学、历法等，连梦中都在思考这些问题，终于有幸获得了历法的算法，现在可以毫不隐瞒地把它奉献于世）。

《数书九章》中有六题是关于天文历法的，题名为“古历会积”（载于第一章大衍类），以及“推气治历”“治历推闰”“治历演纪”“缀术推星”和“揆日究微”（以上载于第二章天时论）。著名数学史家沈康身教授评价说：“就题数说只六题，就篇幅说，题文、术文、草文占全书的12.9%，后人对这六题尤多诠释。”[①] 这说明秦九韶对天文历法的问题的贡献很大。这里仅举数例。

1．第一章大衍类“古历会积”题

本题讲的是以战国的四分历为例计算上元积年[②]的问题，原题说:“问古历[③]冬至以三百六十五日四分日之一，朔策以二十九日九百四十分日之四百九十九，甲子六十日各为一周。假令至淳祐丙午十一月丙辰朔[④]初五日庚申冬至，初九日甲子，欲求古历气朔甲子一会[⑤]，积年积月积日，及历过[⑥]未至年数[⑦]各几何？”

本题大意说，古历（战国时期发明的四分历）以 $365\frac{1}{4}$ 日为一回归年，$29\frac{499}{940}$ 日为一朔望月，甲子60日为一周。假令淳祐六年（丙午即1246年）十一月，初一（丙辰）为月朔，初五（庚申）为冬至，初九为甲子日。试问古历气、朔、甲子一会积年（一世纪）、积月、积日各多少？淳祐六年的上元积年是多少？未至年数各多少？

秦九韶的《数书九章》第一章大衍类，创造性地发现了“大衍总数术”或称为“大衍求一术”，即现代称为的一次同余式组解法，他把它用于天文历法的计算，在天文历法改革中独放异彩。他的这一完整的、系统理论的成就是划时代的，又是世界数学史上最早的成果。在国外直到18、19世纪，才被瑞士数学家欧拉（L.Euler，1707—1783）、德国高斯（C.F.Gauss，1777—1855）发现，但比秦九韶晚了500多年，并且秦氏方法优于欧拉、高斯方法，在计算速度上也

---

① 吴文俊，秦九韶与《数书九章》，北京：北京师范大学出版社，第314页。

② “上元”，指宋代以前的历法，大都有一个称为“上元”的年份作为历法的起点，如甲子日的开始时刻；“上元积年”指以“上元”到修历年相距的年数。

③ “古历”，指战国时期发明的四分历。

④ “朔”，指阴历的每月初一；“丙辰朔”指初一是丙辰日。

⑤ “气”，指冬至节气。“气、朔、甲子一会”，指冬至节气与日月合朔同在甲子开始时刻，即子正（0时正）。

⑥ “历过”，指从上元至该年（本处是淳祐六年）所经过的年数，也称该年的上元积年。

⑦ “未至年数”，指相邻两上元之间还未历过的年数，即指上元周期（一纪）与历过之差。

（注：以上几个解释，引自：陈信传等，《〈数书九章〉今译与研究》，贵阳：贵州教育出版社，1992年，第57年。）

优于他们。因此，“从算法的角度看，秦九韶的算法思想更符合现代算法的特点，简单易行，颇适合于计算机。所以外国把秦氏的这一成果称为‘中国剩余定理’”①。

2．第二章天时类“推气治历”题

原题说：“问太史测验天道②，庆元四年戊午岁冬至三十九日九十二刻四十五分，绍定三年庚寅岁冬至三十二日九十四刻一十二分。欲求中间嘉泰甲子岁气骨、岁余、斗分各得几何？”

本题大意说，有太史局（当时的天文历法机构）测验天气的时候知道，庆元四年戊午（1198）冬至在甲子日后39.9245日，绍定三年庚寅（1230）冬至在甲子日后32.9412日，试问嘉泰四年甲子（1204）的冬至时刻（即“气骨”）是多少？又岁余（指一回归年与360日的差数）、斗分（指回归年奇零部分）各是多少？

显然，秦九韶设置的这道“推气治历”的数学问题，是介绍怎样从已知某两年的冬至发生时刻来推算这两年之间的某一年的冬至发生时刻。本题要求计算嘉泰四年（在庆元四年与绍定三年之间）甲子冬至时刻，并求回归年日数。

类似天文历法的数学问题还有，此处就不列举了。这也是秦九韶的治国主张中关心国计民生的历法的具体记载。

秦九韶编撰的天文问题，都是以我国古代长期实际观测为依据的，如“缀术推星”（求行星运行速度）便是古人观测木星运行的记录。秦九韶以及历代天文学家记录了数量多、质量高的天文观测数据，为后来天文学家提供了宝贵史料。例如，清初来华的法国传教士宋君荣（P.A.Gaubil，1688—1759）在清政府工作，他专门收集这些数据瑰宝，整理后于1734年寄回法国，为法国大数学家、天文学家拉普拉斯（P.S.Laplace，1749—1827）撰写天文学方面的论文提供了重要实际史料，宋君荣的整理内容也作为附录发表了。英国科学史权威李约瑟在《中国科学技术史》第四卷“天文仪器的发展”一节中赞叹说：“我们可以看到（中国）古代和中古代天文学家们的观测工作做得多么好。”

在京城拜师学习期间，秦九韶收藏了一些重要的历法孤本书，如《崇天历》

① 周冠文、陈传信、张文材，《数书九章》今译及研究，贵阳：贵州教育出版社，1992年，第23页。
② “天道”，此指天气，即节气发生的时刻。

一卷、《纪元历》三卷等。这些书由于他的收藏才得以流传后世。

由于秦九韶在天文历法方面的造诣高深，名气渐大，约 40 岁的时候，他曾经以精通历学被推荐到朝廷修历，担任天文历法的官员。这是他 20 岁前“访习于太史”和勤学苦读的结果。

第二节 重视气象

“气象”是大气的状态和现象，如刮风、闪电、打雷、下雨、下雪等天气。研究天气变化的科学叫做气象学。人们生活在大气之中，无论生产和生活都受到天气的影响，特别是气象与农业、牧业、林业等生产有密切的关系。由秦汉到两宋，生产有了很大的发展，人们对气象和农、牧、林业的关系的认识也不断深入。就是在今天，“水是农业的命脉”，仍认为农业在一定程度上是靠天的雨、雪气象影响的。

作为基层官员的秦九韶，从实际中体会到，雨雪的多少与农作物的生长、牧业的发展都有密切的关系，雨雪测量不准，就不能正确掌握天时，特别影响农业产量。总之，他从实践中认识雨雪量关系国计民生，并将他在工作中碰到的实际问题升华为数学计算问题，如在第二章天时类设置了“天池测雨”“圆罂测雨”“峻积验雪”和“竹器验雪”等四个问题，介绍怎样测算雨量、雪量。这些问题也是秦九韶在南宋首都临安学习期间从理论上积累下来的有关知识。

秦九韶在天时类留下的这些问题与中国气象学有着密切关系，是中世纪冲破鬼神迷信，用科学测算气象的开端。从这一角度看，秦九韶可以算作是中国气象学创始人之一。这里举例简介如下：

1. 第二章天时类“天池测雨”题

原题说：“问今州郡都有天池盆，以测雨水。但知以盆中之水为得雨之数，不知器形不同，则受雨多少亦异，未可以所测，便为平地得雨之数。假令盆口径二尺八寸，底径一尺二寸，深一尺八寸，接雨水深九寸。欲求平地雨降几何？”

本题大意说，今天各州郡所使用的天池盆测雨量，不管容器形状怎样，总把容器里的雨水深浅作为平地雨水深浅，这是不正确的……

显然，秦九韶说我国最早使用的量雨器“天池盆”，在宋朝各州县的气象部门都在使用，但因这种雨量器的形状不同，盆中接得的雨水多少也不相同，不能把盆中雨水的深度当作平地降雨量计算，这不符合实际，也是不正确的。

秦九韶在书中给出了测量、计算降雨量的正确方法，以盆口的面积除盆中所积雨水的体积，才是平地降水量，亦即降雨量。他纠正了过去的错误，给农业生产测量降雨量提供了可靠数据。

事实上，本题中的“盆”实为圆台，计算时要用到《九章算术》圆台和圆柱的体积公式。秦九韶在解本题时给出了一个计算公式，但他没有明确提出公式，更没有推导这个计算公式的过程。显然，他的算法或公式，可以供当时管理气象的人员参考使用。

另外，从另一个侧面来看，秦九韶深感水是农业的命脉，知道雨水的多少关系人民的吃饭问题，为了正确地测量雨水量，纠正了当时用盆测算雨量的错误的计算方法，从而得到了可靠的降水量，为科学管理和国计民生服务。

2. 第二章天时类“圆罂[①]测雨”题

原题说：“问以圆罂接雨，口径一尺五分，腹径二尺四寸，底径八寸，深一尺六寸，并里明接得雨一尺二寸，圆法用密率。问平地雨水深几何？”

本题大意说，今有圆罂的口径是10.5寸，腹径24寸，底径8寸，深为16寸，用圆罂接到的雨水深12寸，圆周长密率（即“圆法”）为$\frac{22}{7}$（草文中的数字）。试问平地雨水深（即这次降雨量）是多少？

本题讲的是通过圆罂里接到的雨水深推算平地雨水深的问题。他在术文与草文中应用了《九章算术》圆台和圆柱的体积公式，但答案有误。这里不去讨论计算与答案问题，我们只介绍他提出的“圆罂”，以及测量雨水的方法。这种测量工具所得雨量，在当时来说是有效的一种近似方法。据推测，秦九韶可能曾看到过这种测雨量器，从而设置此题，给出算法，对当时气象管理者是有启发或帮助的。

① “罂”，音英 yīng，指大腹小口的瓶子，形如今天的腰鼓。

我们认为，秦九韶测雨量的方法是将数学应用于气象的有益尝试，在当时称得上是一项创新或发明。并且，他这种“平地得雨之数”量度雨水的方法，被今人誉为是一项世界上最早奠定科学理论基础的贡献。此方法虽然不够精确，但对后世气象工作的雨量观测与计算是有价值的。

借此把现代观测雨量的方法介绍一下。随着生产发展和科学技术进步，气象学家们发明了科学雨量器：口径 200 毫米，桶深 700 毫米，由盛水器（漏斗）、储水筒（外筒）和储水瓶等组成，并配有与雨量器口径成比例的专用量杯来测量降雨量，十分方便。20 世纪中期以来，气象学家们又发明了自动化的虹吸式雨量计和翻斗式遥控雨量计。这些先进仪器在不少气象站都可以看到。

3．第二章天时类“峻积验雪”题

原题说：“问验雪占年，墙高一二尺，倚木去址五尺，梢与墙齐，木身积雪厚四寸，峻积薄，平积厚。欲知平地雪厚几何？”

本题大意说，怎样测验积雪（水量）量预测未来农业的收成，假设有一堵墙，高 1.2 尺，另有一块木板斜靠在墙上，木板下端与墙基相距 5 尺，上端与墙平齐。某次下雪，木板斜面上积雪厚 4 寸，一看发现斜面积雪薄，平地积雪厚。试问平地上积雪的厚度是多少？

秦九韶设置由斜面积雪的厚度来推算平地上积雪的厚度的一种数学问题，即题名“峻积验雪”。据推测，有可能是一种无法直接测量平地积雪厚度或什么原因下的方法，虽然不太准确，但可以通过它估测当时下雪量的大概情况，进而可知降雪量，在当时来说，不妨称为简易法。

4．第二章天时类“竹器验雪”题

原题说：“问以圆竹箩验雪，箩口径一尺六寸，深一尺七寸，底径一尺二寸，雪降其中，高一尺，箩体通风，受雪多，则平地少。欲知平地雪高几何？”

本题大意说，主要介绍了用竹箩里的积雪的厚（高）度来推算平地雪的厚度，因箩体通风，箩内积雪多于平地。

这里，秦九韶又给出了另外一种简易、近似的测雪量的方法及其计算。

《数书九章》中没有交代“圆竹箩”是什么形状，从他的解法可知，圆竹箩不全是圆台体，假若是圆台体形状（上口大，下底小的水桶），秦九韶就会像“天池测雨”题应用圆台和圆柱求积公式，而不必另设公式来求雪高，所以圆竹箩绝不是圆台体。有人推测“是某一个曲线段的旋转曲面”，根据一些竹箩的实测数字，创造出新公式。显然这题是一种特殊的、狭隘的实测数据。

从上面四道测量雨量、雪量的数学问题可知，秦九韶为了国计民生，关心农业生产，对于当时测降水量的设备及其计算方法，进行了精细的研究，表明他主张有较好的测雨量雪的器具，而且还要有正确的计算方法，实质上是他重视农田水利、预知天旱水涝、增加农业产量的治国主张之一。他的这些主张，符合现代科学种田的思想，值得肯定与赞扬。

第八章　节俭营建

秦九韶少年时，他的父亲在南宋首都临安担任朝廷工部郎中官职，负责筑城、修路等，后升任秘书省（掌管国书、国史、天文历数等事）少监（副长官）。秦九韶随父在京城学习，有机会阅读民间难以见到的皇家建筑等典籍藏书，可以拜访请教营建、天文历法等朝廷专家，并且又有机会随父到工地参观，了解施工的各种程序。在与工匠的接触中，他既学到了许多工程技术的实际知识，又了解到老百姓的疾苦，心中埋下了对劳苦人民的同情心。

秦九韶通过我国古代数学经典《九章算术》《孙子算经》《张邱建算经》（公元5世纪）等的学习知道，古算书中有许多修堤筑坝的土木工程、水利工程以及城镇建筑等的简单数学问题，如《九章算术》中约有8题是修城筑堤的土木工程。这些都是安邦治国、于国于民有利的国计民生问题，是用科（数）学进行管理的治国内容之一，这些知识引起了秦九韶的浓厚兴趣和关注。

后来，秦九韶做官时，在处理本职工作中遇到的城建、军工、农田、水利、土木工程的具体问题时，他青少年时学习的这类理论知识开始与实际相结合，这时他才领悟到先哲们说过的话：学问不在于知识的多少，而在于应用。于是，他有意地收集、记录营建方面的资料，其中包括各种具体数据，如城墙与堤坝的标准尺寸、挖土填方的计算、施工面积大小的用料（石头、灰、沙、木……）的数量、用工人数和劳动报酬的核算等经验数据，他都分门别类地记录下来。后来，他在著《数书九章》时，把这些涉及土木工程、建筑工程等实际应用问题，精选出典型的范例，加工提炼，根据《九章算术》等中的数学原理，集中地收录在书里，如第七章“营建类”（共9题）、“军旅类”和其他章的一些问题，都是他从实践中得来的管理数学或经济数学的内容。这些题涉及筑城、浚河、建屋、宫室、造楼、垒台、筑坝、夯土、铺地和计算工作量以及工程成本等，内容丰富，图文并茂，兼及具体数据，都可以与同时代的李明仲《营造法式》(1103年，宋朝建筑百科全书)相媲美。秦九韶某些记载可补充可靠的宋代建筑史的文物资料，如“计定城墙”，题中所说城墙造法远比《营造法式》详细。有学者对照今存宋城的结构资料认为是相符合的。

另外，《数书九章》中有许多过去的古算中没有的内容，是他的创新，如有的给出具体的推理演算过程（他叫“草曰”），有的还画出示意的筹图（用算筹书写算式）和几何图形，这些在古算经典《九章算术》等中是没有的，是秦九韶大胆的数学创新思维模式和改革创新。

《数书九章》中的营建内容，除表明秦九韶精通建筑外，也反映他的节俭营造、反对铺张浪费的一贯思想。他认为，建造城市、修建宫室、建筑民房、疏浚河道、修堤筑坝等农业水利工程和土木工程，都是国家经济建设的重要内容，关系国计民生的工程大计问题。建筑工程，百年大计，应该奇巧固护，功在当代，利在千秋。如果营造不精心设计、计算和施工，保证工程质量，就会浪费国家财力和人力，“财蠹力伤”。特别是当时防御外患所建的城墙，是一项巨大的工程，所需人力、物力、财力不少。于是他在“述营建第七”的系文中说：

鸿功雉制[①]**，竹个木章。**
匪究匪度，财蠹力伤。

意思是说，城墙建筑工程宏大，都是用竹木按规章建成的。如果不精心规划、计算和施工，就会劳民伤财，浪费财力。

他还引经据典，举出古代工程建筑，精心规划、设计的成功经验的例子，启示后人，节约营造，不铺张浪费，并在同上系文中说：

围蔡而栽，如子西素。
匠计灵台，俾汉文惧。

前两句是一个典故，见于《左传》，哀公元年（公元前494），楚昭王领兵

① “雉制”，指古代城墙制度。

包围蔡国国都，离城一里构筑堡垒，宽一丈，高加倍，役夫屯驻九昼夜，这是采纳子西（楚臣）最节省的建筑计划，最后取得了胜利。

后两句说，汉代工匠设计的祭祀灵台需要百金，汉文帝（历史上节俭皇帝之一）惧其造价昂贵下令作罢。

显然，国家建设关键在于为官者的把关。

秦九韶在系文中提到的汉文帝，并把他作为节俭治国的典型皇帝之一。这里，介绍一下这个历史上节约皇帝之一的简况。

汉文帝(公元前202—公元前157)，名刘恒，是两汉的第五位皇帝，在位23年。历经秦朝15年（公元前221—公元前206）的严酷压榨和8年战争，汉初人民大量地死伤流亡，黎民百姓贫困不堪，为了巩固封建统治，汉初国君实行休养生息的政策，恢复和发展生产，复兴社会经济。汉文帝时期（公元前180—公元前157年在位)，继续推行休养生息的政策，他十分重视农业，常常奖励努力耕田的农民，两次减轻田租赋税，如三十税一$\left(即\frac{1}{30}\right)$，只有原来的一半。汉文帝十三年（公元前167）开始，甚至有10多年不收田亩租税的农业税。在徭役方面，汉文帝还把丁男徭役减为30年征发一次，计算赋税也由每年120钱减为40钱;在刑法方面，汉文帝也做了重大改革，废除残酷的肢体肉刑，取消连坐（即株连）亲属的法律。

汉文帝提倡节约，是中国一位著名的节俭皇帝之一。有一次他想盖一座祭祀的灵台，一计算大约需要花费100斤黄金（百金），相当于中等人家10口之家的家产，但他嫌花费大，于是就把这项营建计划取消了。

在文帝与景帝统治时期，史称“文景之治”。这两位皇帝采取奖耕、减田租、倡节俭、减刑罚等休养生息的政策，使国家政治稳定，经济生产显著发展，人口增加，国家也富裕起来了。据史书记载，到汉武帝初年，国库装满了粮食和钱币，多年不动用，穿钱的绳子都烂了，散钱无法计算，这是封建社会难得的盛世时期。

因此，秦九韶主张南宋统治者学习、借鉴汉文帝的休养生息的政策，节俭营建，使民富国强。

下面，我们从《数书九章》中的数学问题，介绍他怎样用数学工具解决科学设计、计算和施工等的工程技术的问题。

第一节 土木工程

对于土木工程的设计与施工，秦九韶主张全面考虑、精心谋划，如工程有关的距离、高低、土方等的测量要精确，对于工程的地形地貌及其土质的勘察、工期、劳动分配、所需要的粮食和建筑材料等都必须在设计中表达出来，在工程施工中具体落实或改进等。例如：

1．第七章营建类“楼橹功料”题

该题讲修建观察敌情的城楼（“橹”即瞭望楼）的工料及其计算问题。本题题文约300字，此略。

本题大意说，在建筑的城墙上合盖楼橹60处，每处瞭望楼10间。每处的护险墙，高4尺，长3丈，厚1.6尺。每处楼橹涉及不同的建筑材料和不同规格的构件，有19种之多。它们是卧牛木、搭脑木、看壕柱、副豪柱、平面板木、城砖、石灰、纸觔（即纸筋）、中板瓦、丁环，以及长短尺寸不同的四种铁钉……。试问用工用料各是多少？

秦九韶设置的本题，涉及设计用料、施工备料，用工用料的各种计算，以及不同规格（尺寸）的建筑材料和构件。题中列出的材料规格十分清楚。可见秦九韶是熟悉城楼瞭望楼的设计和施工的，给工程技术人员和后世留下了一份宋朝建造楼橹的宝贵资料，“其中不少术语不见他书，是建筑史上不可多得的资料”①。类似的题目还有第一章大衍类“积尺寻源”题等处，表明了秦九韶主张节俭营建的思想。

2．第七章营建类“计作清台”题

本题题文有500多字（略）。它讲述的是一道建筑高台的用工、用料的计算问题，秦九韶在书上画出了直观、形象的清台示意图，如图8-1所示。

① 吴文俊，秦九韶与《数书九章》，北京：北京师范大学出版社，1987年，第465页。

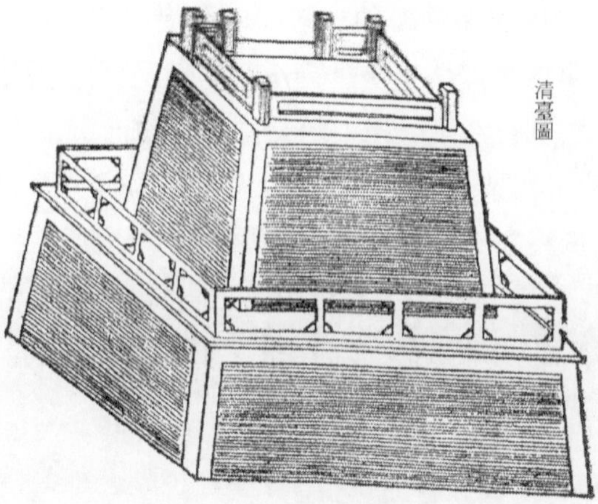

图 8-1　清台示意图

本题大意说，修筑一所高台（清台可能是天文观象台或瞭望台之类的高台），题中给出了秋季施工每人每天行走（运输）的工作量、挖土与运土的工作量、运土往返上和下脚手架行走的里数。高台结构的台基用石版（板）铺成，台身用砖包砌……。试求高台土积、每人往返一次折算为平地的步数、每人每日运土量、总用工量、各县派工量、总用砖量和总用石量等各是多少？

秦九韶精心设计的高台建筑问题，在我国古代天文观测、祭祀、军事防御以及居住（可以防潮等）方面都有。他的精心设计，避免了财蠹力伤，起到了节俭的作用，而且他设计的本题，远比古算书上类似问题繁杂，如 40 步要上、下脚手架折算为平地步数的计算。

可见，秦九韶为了节俭营建，真是精心设计，苦心计算，给出用工、材料参数，供工程技术员参考选用。秦九韶不愧是身体力行、为国为民着想的、爱国爱民的官员之一。

第二节　水利工程

水利是农业的命脉，水利工程，百年大计，必须牢固。据说，有一次，秦九韶随为官的父亲到一个河渠水利工程的工地巡察，工匠们正在修筑防洪堤坝。

他发现施工者采取“削帮增顶”的办法，即在堤坝附近取土，增加堤干高度。秦九韶想到书上讲用这种方法来防洪会适得其反，虽然防洪堤坝增高了，而堤干却削薄了，更不稳固，洪水一来，垮得更快。他向父亲讲了这种做法的危害理由：“修堤筑坝的工程技术，对堤坝的长宽高依据抗水压力的大小，都有严格的比例规格，必须按其大小尺寸施工。”这种“削帮增顶”的办法，实质上是偷工减料，中饱私囊，后患无穷。于是这种施工被禁止了。

因此，在水利工程的国计民生方面，秦九韶十分关注质量，并在《数书九章》中设置数学问题，提出他的意见。例如：

1．第七章营建类“计造石坝”题

本题讲修建石坝的用工用料的水利工程问题。原题说：“问创石坝一座，长三十丈，水深四丈二尺，令面阔三丈。石版每片长五尺、阔二尺、厚五寸，用灰一十斤。每层高二尺，差阔一尺。石匠每工九片。般扛五片，用工四人，兼工般灰兼用，每工一百一十斤。火头每名管六十人。部押每名管一百二十人。所用石，须依原段，不许凿动。欲知坝下阔及用石并灰共工各几何？”

本题大意说，今欲建造一座石坝拦水……（此省略处的内容是坝的长、深与底面宽尺寸）坝用石板砌成，已知石板长、宽、厚的尺寸和用石灰量，以及各工种的用工人数……。求坝底下宽、石板、石灰及用工各是多少？

我们知道，堤坝是拦水的水利工程建筑之一，秦九韶在书上设计介绍了修建这种石坝工程的具体数据、规格、用工、用料及其计算方法，甚至把搬运石板、石灰的工人需要多少、每名搬运工的工作量是多少，还有工程监督管理应管多少工人……都一一清楚地详细地设计列出来，实在是前所未有。这道题实质上提供了工程设计、施工的科学依据与范例，从而可以保证水利工程的质量，不会“财蠹力伤”；同时，也是让后人了解宋代水利建设的一个范例。

2．第七章营建类“计浚河渠”题

该题讲开挖运河的水利工程的有关河积、堤高以及用工的计算问题。原题说：“问开通运河，就土筑堤。令面广六丈，底广四丈；上流[①]深八尺，下流深一丈六尺；长四十八里。其堤下广二丈四尺，上广一丈八尺，长与河等，未知

① “上流”，指运河的上游。

高，以墟四坚三为率①，秋程人功每名自开运积筑墟坚，共积常六十尺②。筑堤至半，为棚道③取土，上下功减五分之一④。限一月毕。欲知河积及堤积尺，共用功并日役工数及堤高各几何？”

本题的题意易懂，不必重述了。

修筑人工运河，是保证农作物和生活与其他（如水运等）的水源之一，是发展生产、保障用水的举措，秦九韶为我们展示了宋代的水利建设，开凿运河的又一个范例，比过去《辑古算经》（7 世纪）第 3 至第 5 题所讨论的开河筑堤的规模要大得多。秦九韶的水利设计，易于操作，便于施工。可见他的治国主张中，把农业水利放在重要位置上，以引起南宋官员的高度关注与参考。

第三节　城镇建设

我国古代最早的城池建设，大都受《周官·考工记》（约公元前 3 世纪，是战国时期齐人写的关于手工业技术规范的一部工艺书）的影响，城以方整为主，如周王城的规模是“方九里，旁三门”。后来为四门，各朝代源于此。

秦九韶熟悉宋代城市、城墙等的建筑，如图 8-2 所示，是北宋曾公亮《武经总要》（1044）上的城墙图形之一。

该书说：“三里之城万家守之足矣，作四门……城外凿壕，去大城约三十步。上施吊桥。壕之内岸筑羊马城，去大城约十步。凡城上皆有女墙。每十步及马面皆设敌棚、

图 8-2　《武经总要》卷 12 城制插图
图中正中重檐城楼、下为城羊马墙

① “以墟四坚三为率”，指挖土与筑土的比例为 4 ∶ 3。
② 这一句指秋季每人每日运筑土的工作量是 60 立方尺。
③ “棚道”，指今天的脚手架通道。
④ 此句指在棚道上的工作量较棚道下的工作量减去五分之一。

敌楼。”“筑城之法，每下阔一丈上收四尺。凡城高五丈，底阔五丈，上收二丈，尤坚固矣。”“羊马城高可一丈以下，八尺以上。”“女墙高可五尺”，“壕面各随其地为阔狭，大要在面阔、底狭，其深及泉、使箭炮难及，即住”（具体例子见下中 2）。

对于城镇建设我们在前面已引录了秦九韶在“述营建第七”的系文“斯城斯池，乃栋乃宇。宅生寄命，以保以聚。鸿功雉制，竹个木章。匪究匪度，财蠹力伤”。表明他主张城池、房屋的建设要节俭营建，反对浪费，居者有屋的治国主张。

在《数书九章》里，秦九韶设计了一些城镇建设的数学问题，例如：

1．第四章测望类“临台测水”题

本题讲一城高台临水建筑的设计与计算问题。原题说：“问临水城台，立高三丈，其上架楼。其下址侧脚阔二尺，护下排沙下桩，去址一丈二尺，外桩露土高五尺，与址下平。遇水涨时，浸至址。今水退不知多少，人从楼上栏杆腰串间，虚驾一竿出外，斜望水际，得四尺一寸五分，乃与竿端参合。人目高五尺。欲知水退立深，涸岸斜长，自台址至水际各几何？”

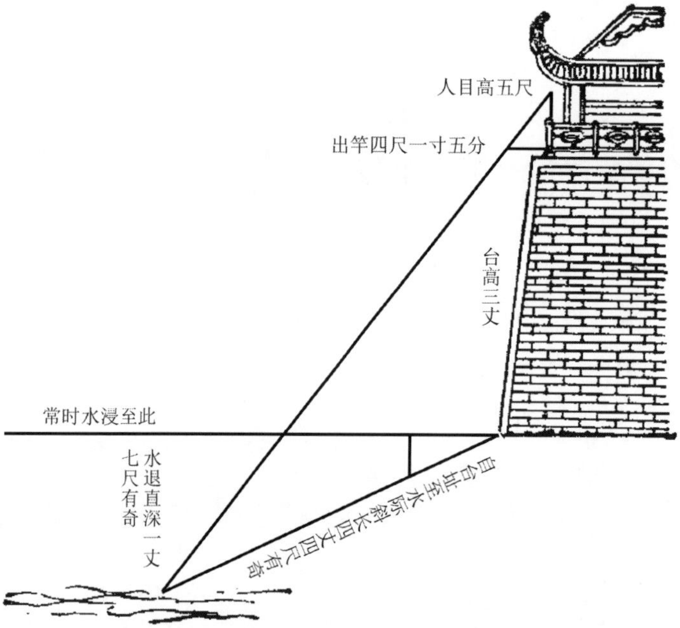

图 8-3 “临台测水”题示意图

秦九韶画出如图 8-3 所示的图形。

本题大意说，有一个临水筑成的城台，高 3 丈，在其上建一座城楼，城台基脚侧宽 2 尺。题中给出具体施工要求，如离台基要打桩保护台基和排沙，给出桩的要求，又说当水涨时水浸入基脚。但是，当水位退时，怎样测量水退了多少的测量方法。试问水退时，水边有多深，涸岸自台基脚至水边护岸的斜长各是多少？

秦九韶设计这道数学问题，介绍怎样测量与计算临水建筑城台的建设问题，建筑物形状复杂、数据较多、测算繁难，尽管清代古算家宋景昌对此题评价说：“凡算之道，省约为善，似此繁难，徒乱人意耳。”（宋景昌《数书九章札记》，宜稼堂从书本 1842 年）宋景昌的话是中肯的，秦九韶此题的解法只详细地给出解法，没有讲明为什么这样解的理由，使读者产生疑问。但是，他的这一繁难解法，正如清代李锐（1769—1817）说：“此条术虽繁，理数皆极精密。”这表明秦九韶精通营建，他的土木工程建设是不简单的，他的精心设计与计算，对于节省财力、物力和人力，可以达到“节俭营建”的勤俭治国主张的目的。

2．第七章营建类“计定城筑”题

本题讲设计与计算修建一座城池的用工用料问题。本题有 500 多字，此处略。秦九韶画出如图 8-4 所示的形状。

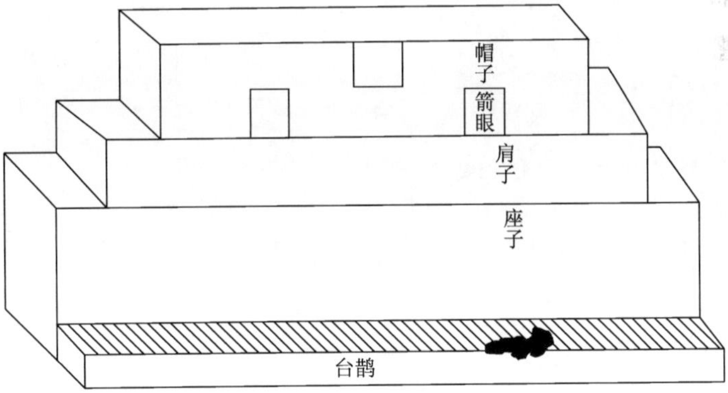

图 8-4　女墙图

本题大意说，淮郡修建一城市，城的周长 1510 丈，城外筑有羊马墙，并且城外开有护城河（壕沟）……（此处省略的内容是城、壕、墙等规格大小的尺寸、用材与施工等的具体数据），如图 8-4 所示。女墙台顶上有射箭眼……，使用的材料有木、竹、橛、掌、砖、石版（板）、芦蓆等。秦九韶给出繁难运算的“草”、答案，展示了宋代地方城池建筑结构及其规模。

从北宋建筑零星史料与秦九韶设计的此题可以看出，修筑防御城池四周的城墙结构。城墙外第一道防线是壕沟（为作战时起掩护作用而挖掘的大水沟）及吊桥；第二道防线是羊马墙（比较矮）；第三道防线便是高高的大城墙，在大城墙上面有女墙，女墙上有许多箭眼（向入侵者射箭的窗口），墙上还有高台，用于观察并兼作房屋，在冷兵器时代还是管用的。秦九韶在此题答案后画出了女墙，如图 8-4 所示，并在题中介绍了女墙的施工尺寸和建筑方法。

从题中看到，秦九韶介绍的此题，还可知以前古人使用的建筑材料只有土、石、砖、木四种，金属材料仅用于少数小型铜件、铁件。古时没有水泥，而采用石灰和河沙。

秦九韶在本题中使用了"穿四坚三为率"的比率问题,"穿"即挖土,"坚"即坚土，即坚硬未挖松之土，这里指夯实或扎实的土。其比率为挖土：夯土＝4 ∶ 3。关于这个比率，秦九韶采用了他熟悉的《九章算术》商功章第一题的术文比率即"穿地四，为壤五，为坚三"，就是说在普通的地面上，挖土四个单位体积，便可出五个单位体积的壤土，而能筑坚（如夯实墙或堤等）三个单位体积，即穿土：壤土：坚土＝4 ∶ 5 ∶ 3。对于开渠、修堰、筑墙、铺路以及其他有关使用土方的问题，都可以应用这个比率。此外，从古人修筑城墙的施工工序来看，还用挖壕沟的土来填城墙中间的土，这样既省工又省时。

秦九韶"计定筑城"一题的数据与解答结果，经有关专家与宋代筑城资料比较，令人吃惊的相似。

3．第七章营建类"堂皇程筑"题

本题主要讲修建官府大堂的地基所需筑土工人的计算问题，原题说："问有营造地基，长二十一丈，阔一十七丈。先令七人筑坚三丈，计功二日。今涓吉[①]立木有日，欲限三日筑了，每日合收杵手[②]几何？"

本题大意说，现在要建筑官府大堂的地基。为了计算所需要的工人数，先做一试验：7 人 2 日可筑地基（夯实）3 平方丈。现在已经选好立木房架的黄道吉日，限 3 日完成筑基任务，试问每日需要多少工人？

秦九韶设计此题，是为了准确计算用工人数，厉行节约，不浪费人力物力，在限期内完成任务，他提出了先用试验的方法得到准确用工数，真是"匪究匪度，

① "涓"，指选择；"涓吉"指旧时选择黄道吉日立房架。
② "杵"，指筑土夯实的木锤，"杵手"指筑土工人。

财蠹力伤”的具体范例之一。

类似节俭营建的城建工程的数学问题，还有“积尺寻源”题（第一章大衍类），第七章营建类“砌砖计积”和“积木计算”等题，此处略。

第四节　其他工程

在土木、水利、房屋及军事等工程建设中，在施工前必须对地形地貌进行勘察和测量计算。秦九韶在《数书九章》第四章测望类设置了九个测量问题，可知宋人继承古代测量术之精华，因此，测量学在工程测绘技术和军事等中也是一项重要的科学，是营建前期工程和军事侦察敌情中一项不可缺少的方法，可以避免“财蠹力伤”，节约人力和物力，保证质量，有效施工。

秦九韶对于测绘工程技术问题，继承和发展了《九章算术》，并提出了自己的主张。他在“述测望第四”的系文中，告诉营造者：

莫高匪山，莫浚匪川。
神禹奠之，积矩攸传。
知创巧述，重差夕桀。
求之既详，揆之罔越。
崇深广远，度则靡容。
形格势禁，寇垒仇墉。
欲知其数，先望以表。
因差施术，坐悉微渺。

意思说：山没有不高的，河没有不深的。大禹创立测量之法，通过工具得以流传。智慧的创造，巧妙的方法，就是“重差术”和“夕桀术”（这两种术指用标杆测量目的物的方法）。求解之法，详尽周全。测算精确，无法超越。无论是高、深、广、远，都可进行测望与度量。哪怕是形势险峻不可到达，或是敌方营垒和城墙。要想知道高深远广是多少，先要用标杆测望。根据两次测望之差进行计算，便可知道目标的精确数量。

我国的测量技术（又叫测量术），指测量目标物高低、长短和远近的方法，由来已久。春秋时期（公元前 6 世纪）已有勾股测量和重差术（重，音虫 chóng，重差是通过两次用标杆测日影之差来计算距离的方法）。后来，刘徽注《九章算术》（263 年左右）时，专门写了一篇讲“重差术”的《海岛算经》，附在《九章算术注》后。此书是刘徽平生得意之作。他认为“重差”就是一种远距离间接测量，即测量可望而不达到的目标的方法。在《海岛算经》中，刘徽精细地设置了九种不同情况较为复杂的测量问题，介绍其方法和计算（证明）问题，都是根据相似形理论，利用两次或多次测望所得的数据求可望而不可即的目标物的高、深、广远。其内容大为完备，并且使其内容发挥得淋漓尽致，尽管刘徽的证明到宋代已失传①。

秦九韶继承和发扬了古算精神，根据自己在工作实践中所积累的有关测望数据，精心编了九个数学问题，收入《数书九章》第四章的测望类，即“望山高远”“临台测水”“陡岸测水”“表望方城”“遥度圆城”“望敌圆营”“望敌远近”“古池推元”和“表望浮图”（浮图即古代佛塔）。所以，测望术成为我国重要的数学方法之一，亦是工程技术之一。

秦九韶的节俭营建的思想和测量术不仅表现在农田水利工程、城池土木工程和军事营建和侦察（后面讲）等方面上，在当时建佛塔的测算方面，也提出了很好的意见。

例如，第四章测望类“表望浮图”题，讲一座古代佛塔（别称浮图）倾斜了，欲进行修复前的测算问题。原题说：“问有浮图攲侧②，欲换塔心木，不知其高。去塔六丈有刹③竿，亦不知其高。竿木去地九尺二寸始钉锔④，锔一十四枚，枚长五寸。每锔下股相去二尺五寸。就竿为表。人退竿三丈，遥望浮图尖，适与竿端斜合。又望相轮⑤之本，其景入锔第七枚上股。人目去地四尺八寸。心木放三尺为楯卯剪裁截⑥。欲求塔高、轮高、合用塔心木长各几何？”

本题大意说，今有一座佛塔已倾斜，打算拆换塔心扶正，但不知塔高。下面题中介绍了佛塔外有一根不知高度的竿，竿上钉了 14 根抓钉，观测者就利用此竿进行测量，测得了一些数据。本题问塔高、相轮高、合用塔心木长各是多少？

① 详见徐品方，白话九章算术，成都：成都时代出版社，2002 年，第 365-406 页。
② “攲”，音七 qī；“攲侧”，指倾斜不正。
③ “刹”，此指佛寺；“刹竿”，指佛塔前所立的竿。
④ “锔”，音“居 jū”；钉锔，指联结两物的两脚抓钉。
⑤ “相轮”，指佛塔顶装饰物。
⑥ “楯”，音“吮 shǔn”；“楯卯剪截”，大意为凿孔安榫。

秦九韶设置此题，主要介绍怎样通过测量术求出佛塔之高度等问题，这里，我们不去研究其测量计算过程，因为许多数学史书对此题都有介绍。这里介绍有学者考证秦九韶曾被邀参加修复扶正过此塔的工作。

关于“表望浮图”，在秦九韶寓居地的湖州流传着一段佳话：

当时，湖州城南郊外的道场山上有一座宏伟壮观的佛塔，被称作“多宝塔”。该塔建于北宋丰年间（1078—1085），距秦九韶时代已一百多年了。秦九韶寓居湖州时，塔身发生倾斜。为了把塔扶正，精通测量与工程的秦九韶被邀参加了这项工作。他测出倾斜程度，与大家一起制定施工方案。经过修复扶正，九百年后的今天，多宝塔仍岿然不动，笔直地耸立在浙江湖州城南道场山上，成为朝拜者的佛教圣地之一[①]。

有趣的是，这件事被秦九韶编成数学题，并附“望塔图”一幅，如图 8-5 所示，被他收入了《数书九章》测望类第九题。这是一座七级八角楼阁式的塔。

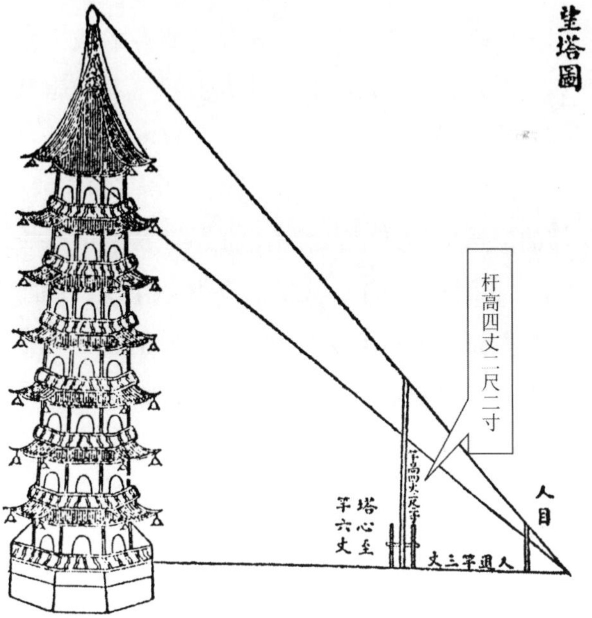

图 8-5　望塔图

2004 年，浙江湖州师范学院（今湖州师范大学）韩祥临教授经过查史料和实地观测，发现这座多宝塔的高、宽等数据与《数书九章》的上述本题基本吻合。

① “多宝塔”今日的照片，参看：徐品方、孔国平，中世纪数学泰斗秦九韶，北京：科学出版社，2007 年，书前插页。

也就是说，这道题的原型是今湖州城南道场山上的这座古塔。

2004年4月，全国秦九韶学术研讨会在湖州召开。大会组织与会专家、学者登上道场山，对多宝塔进行考察。本书作者之一的徐品方也一饱眼福，有幸观赏了这座千年古塔，简述如下：

这座宝塔共有七层，算是“七级浮图”。每层塔的屋檐有八面，每两面交界处的外端（即檐角）向上翘起尖尖的角（共八个角），各层还有几个装饰性窗子（假窗）。楼阁式塔的顶端用宝瓶装饰（即本题中的“相轮”）。塔身用砖砌成，每层下大上小地伸向蓝天。虽是楼阁式的塔，但塔内没有走廊，更没有螺旋式的楼梯。底层设有祭坛，朝圣香客可在底层内烧香叩拜……

综上所述，秦九韶在《数书九章》中，关于节俭营建所反映如楼橹、大堂、高台、城镇、城墙和佛塔等土木、水利工程的建设的有关尺寸、数据大体与今存宋代建筑史料上的尺寸、数据符合。这就是说，秦九韶堪称营建领域的能手，他确实是脚踏实地亲自投身营建事业中，从施工实践经验上升为理论，编出结果和实际相近或吻合的精彩数学题，他并不是杜撰，或靠想象和猜想。由此可见他严谨治学和一丝不苟的态度。

秦九韶精通建筑营造，曾经自己动手设计、监造了自家的住房。

据载，秦九韶的宅居地，是南宋丞相、抗战派吴潜给他的。这块土地在湖州西门外，地名曾上，正当苕水所经。这是一块风水宝地，前面苕水，浩浩荡荡，视野开阔，水路直通太湖，出入十分便捷，后山郁郁葱葱，环境优美，宋朝诗人张先（990—1078）曾作《苕溪》诗，描写这里的景象：

积水涵空上下清，几家门静浪痕平。
浮萍破处见山影，小艇归时闻棹声。
入郭僧寻尘里去，过桥人在镜中行。
已凭暂雨添秋色，莫放修芦碍月生。

关于秦九韶自己设计，建成“极其宏敞”的豪宅，目前仅留下周密《癸辛杂识续集》卷下的记载：

“吴（潜）有地在湖州西门外，地名曾上。正当苕水所经，入城面势浩荡。（秦九韶）乃以术攫（音决 jué）取之，遂建堂其上，极其宏敞。堂中一间，横亘七丈，求海桄（筏）之奇材为前楣，位置皆自出心匠（匠心）。凡屋脊雨翚[①]搏凤，皆以砖为之。堂成七间，后为列屋，以处秀姬、管弦，制乐度曲，皆极精妙，用度无算。”这就是说，秦九韶通过吴潜在湖州扎下了根，他精心设计的这座气魄宏伟、前堂后院阁廊相连，有水流过，极其宏敞的住宅。堂为七间，正堂的明额枋跨度长达七丈（约合现在的20米），选用进口上等的木材为“前楣”（即额枋，江南称柁梁），屋脊用砖砌成，脊两端有陶制的雀鹰装饰，屋顶两山墙也有装饰物。后院居室、书房、管弦乐室、制乐曲室都配合得协调得体，皆为精妙的建筑物，建资很多。

周密（1232—1298）是南宋一位填词写小说的作家，曾是南宋皇亲国戚、奸相贾似道（1213—1275）的门下，常对正直人表示不满。有人说他“著书谤正人”。他写的《癸辛杂识续集》卷下一文，除受宋代党伐之争影响丑诋秦九韶外，还搜集了与秦九韶政见不合的人，如刘克庄（1187—1269，词人，投靠贾似道奸相），或与秦九韶有私怨的人无中生有或经过严重歪曲的一篇文章。周密此文影响极坏。直到清代才被学者批判，为秦九韶正名、翻案，可参看有关数学史论著[②]。在第十三章“后人评说”中，我们进行了初步介绍。

① “翚”，音“灰 huī”，古指一种有五彩羽毛的野鸡或雀鹰。

② 可参考：徐品方、孔国平，中世纪数学泰斗秦九韶，北京：科学出版社，2007年，第260-265页。

第九章　商业贸易

南宋时期，国内外商业都很发达，有很多人经商，例如，当时的首都临安，除了北方迁徙而来的大量移民中，不少人是从事商业的，还有从农村进入城市中的农户，转型为工商业的从业者，再加上原来临安的商旅，所以当时的临安城有近三分之一的人口从事工商业和服务行业①，从而使临安更加繁荣。他们发展经济，保障供给，搞活贸易，扩大外贸，为朝廷强化了税务管理，增加了进出口货物关税，充实了国家的财政收入。

我国南宋沿海与海外贸易非常兴隆，港口增多，当时主要海港有泉州、广州、明州（今浙江宁波）和杭州等，都是当时的对外港口。如今还存留泉州记载中外贸易的遗址、墓碑和碑刻等，伊斯兰、阿拉伯、日本、朝鲜以及非洲国家的出土文物中，都有宋代瓷器和瓷片，证明当时中外经济、文化交流、商业贸易的友好往来。

我国的外贸，当时出口的货物主要是丝绸、铁器、瓷器等；进口的物品主要是沉香、乳香、檀香、丁香和胡椒，以及上等木材等。

秦九韶在系文中认为，贸易是国家增加税收、满足人民生活的重要经济工作。但是，他反对商人牟取暴利，憎恨奸商囤积居奇，坑害贫苦大众，损害消费者的利益，这并不是国家财力雄厚的表现。秦九韶在《数书九章》中，专设市物类一章，包括推求物价、均货推本等九个数学问题，记载了当时国内外贸易、借贷关系、粮食互换、冶炼工艺、金银比价、运输派工等许多社会现象，特别是反映南宋许多海外商贸，大多是政府经营和控制的。国家专卖获利很大，增加了财政收入。同时，他还介绍了我国古代留传下来的以物易物的交易，以及政府发行有价证券（如盐钞），后来变成流通货币。下面简要介绍。

① 刘石九，中国历史上如何对待“京漂”，载《壹读》，2014年第三期。

秦九韶在“述市易[1]第九”的系文中说：

日中而市，万民所资。
贾[2]贸墆[3]鬻[4]，利析锱铢[5]。
蹛[6]财役贫，封君低首。
逐末兼并，非国之厚。

意思是说，晌午的市场热闹，那是万民日常生活的需要。商人积蓄或出售货物，一分一厘都要斤斤计较。奸商囤积财物、奴役贫民，封疆大吏也向他们点头赔笑。商贾经商发财兼并财富，并非国力雄厚的体现。

从系文中看出，秦九韶十分重视国家商贸，并且他引出儒学、经学的经典，说明古代贸易的情况。例如，把市场交易与《周易》《周礼》等联系在一起，系文中他引用《周易·系辞下》中的记载说："日中为市，致天下之民，聚天下之货，交易而退，各得其所。"（大意说，规定中午为买卖时间，招来天下的人民，聚集天下的货物，互相交换有无，然后各自散去，各得所需要的物品。）

事实上，中国传统最早的交易形式——市集起于殷周时代（公元前16—前8世纪），秦九韶认为商贸是治国之道之一，是国家财政来源之一，切不可轻视。

“日中为市”的最早形式，现代的北方称为“赶集”，南方称为“赶场”。就是每隔一定时间有一个固定的地方进行商品交易活动。三千多年来，集市贸易形式对于国家经济发展、社会进步和改善人民生活起到了十分重要的作用。

第一节 内外贸易

宋代国内商贸以城市商业为主，“日中而市”为辅助形式。虽然封建社会采取重农抑商的政策，但商贾贸易一直没有停止过。因此，秦九韶认为商贸是关

① 原著序文用“易”字，而在卷名第十七卷用“物”字，即市物类。
② “贾”，音“古 gǔ”，商人。
③ “墆”，也作“滞”，贮积之意。
④ “鬻”，音“育 yù”，指卖。
⑤ “锱”，音“滋 zī”，古代重量单位，一两的四分之一，1 锱 =6 钱。
⑥ “蹛”音“滞 zhī”，指囤积。

系到国计民生的问题。

对于外贸，在宋代除了直接与周边国家进行贸易外，还有一种与周边国家的“朝贡”，这是一种中外经济文化的交流形式。“朝贡”实际上是政府间的友好贸易往来。朝贡的物品都是该国特产，朝廷盛情款待来朝贡的使者，并给予优厚的回赠。今天的朝鲜、日本、越南、印度尼西亚、菲律宾、缅甸、柬埔寨、马来西亚、新加坡、文莱等各国，当时都以朝贡的方式和宋朝进行贸易。中国商人不仅带商品出国贸易，还把中国四大发明、科学技术知识、算学、文学、艺术、丝织工艺、陶瓷、冶金、建筑等技术传到国外；外国文化、科学技术、宗教等随之传入中国。因此，中外经济的交流，促进了各国文化、科学、技术方面的发展。

下面仅就秦九韶在第九章“市物类”设置的国内外贸易的一般数学问题及其计算方法，简介如下。

1. 第九章市物类“互易推本”题

本题主要讲用“度牒”进行交易。(“度牒”已在第六章第三节中介绍了，实质上是有价票证或纸币)。原题说：“问出度牒，差人营运。每三道，易盐一十三袋；盐二袋，易布八十四匹；布一十五匹，易绢三匹半；绢六匹，易银七两二钱。今趁到银九千一百七十二两八钱。欲知元关度牒道数几何？”

本题大意已在第六章第三节介绍了，这里简述一下：今用度牒交易，度牒3道可换（买）盐13袋；盐2袋，可换布84匹；布15匹，可换绢3.5匹；绢6匹，可换银7.2两。现已经换得银9172.8两，试问原来拿出多少道度牒。

秦九韶设置此题的解法中，介绍了他发明的一种“雁翅法”的解题方法，这是一种典型的机械化程序，用以取代普通的比例算法，并且与普通比例方法相比,“雁翅法”的思想与运算大为简化,这里不介绍,有兴趣读者可参看徐品方、孔国平《中世纪数学泰斗秦九韶》第222—223页。

本题从侧面反映了南宋商品交易的两种情况：一是用有价票证——度牒交易；二是以商品交换商品（详见本章第二节）。显然，他真实地反映了南宋社会经济中的商贸情况，是宋朝史料的补充。

2．第九章市物类“推求物价”题

原题说：“问推（有人认为不是“推”，而是“榷”）货务①三次支物，准②钱各一百四十七万贯文……（此处省略的内容是：先后分三次外拨不同数量的沉香、乳香和玳瑁货物）。欲求沉香、乳香和玳瑁裹③、斤、套各价几何？”

本题大意说，宋朝从官方的货栈（保存货物的库房的地方，原题叫务）往外调拨出三种进口的沉香、乳香和玳瑁货物，将这三种货物卖到全国各地，试问各价几何。

这道题除反映秦九韶引用《九章算术》中的正负术解题外，还反映了宋朝以来继茶叶、食盐……之后，香料成为国家专卖获利最大的对外贸易货物，成为国家财政的一种来源。同时，可贵的是给出三种货物具体而不同的单位名称，“也是有价值的史料”④。

3．第九章市物类“均货推本”题

本题主要讲四人合股海外经商，最后赚了多少钱、各人分多少。原题说:“问有海舶赴务抽毕，除纳主家货物外，有沉香五千八十八两，胡椒一万四百三十包，（包四十斤）象牙二百一十二合，系甲乙丙丁四人合本博到。缘昨来凑本，互有假借。甲分到官供称：甲本金二百两，盐四袋，钞一十道；乙本银八百两，盐三袋钞八十八道;丙本银一千六百七十两，度牒一十五道;丁本度牒五十二道，金，五十八两八铢。已上共估直四十二万四千贯。甲借乙钞，乙借丙银，丙借丁度牒，丁借甲金。今合拨各借物归元主名下为率，均分上件货物。欲知金、银、袋盐、度牒元价及四人各合得香、椒、牙几何？”

本题中“海舶赴务抽毕”。因宋代设有“市舶司”管理海运事业,“海舶赴务”就是海船到海关去交纳关税;“抽毕”指当时以实物付税的，又叫“抽分”或“抽解”;“博到”就是“博买到”或“博买”，即宋朝政府按规定价格（定价）收购货物不准卖给私人；“盐钞”或“度牒”指当时一种有价凭证或货币。

---

① “务”，指宋朝官方贸易机关的地方或场所。

② “准”，指折价或折算。

③ “裹”，指包裹的商品。

④ 李迪，《数书九章》与南宋社会经济，载吴文俊，秦九韶与〈数书九章〉，北京：北京师范大学出版社，1987年，第463页。

本题大意说，甲、乙、丙、丁四人合股经商南洋，从海外购买沉香、胡椒和象牙三种货物，归航向海关交纳实物商税以后，每人剩余若干货物。出海前，四人经商的本钱是互相借凑的；甲借乙的盐钞，乙借丙的白银，丙借丁的度牒，丁借甲的黄金。

求：(1) 黄金（两）、白银（两）、度牒（张）、盐（袋）的原价各是多少？

(2) 甲、乙、丙、丁四人入股时自有财产折钱多少？

(3) 按入股时自有财产分配盈余物资，各人应是多少？

秦九韶通过本题和上面“推求物价”题，给出他创立的方程新术解题①外，一方面反映出当时海外贸易十分发达，但要强化各海口的海关管理和税收，以增加进出口货物，充实国家财政收入。另一方面，通过商贸的具体事例，告诉政府和人民，外贸也是一条致富之路，亦即关系到国计民生的治国之道。

4．第九章市物类“炼金计直（值）”题

原题说：“问库有三色金②，共五千两。内八分金，一千二百五十两，两价四百贯文；七分五厘金，一千六百两，两价三百七十五贯文；八分五厘金，二千一百五十两，两价四百二十五贯文。并欲炼为足色③，每两工食药炭钱三贯文，耗金九百七十二两五钱。欲知色分及两价各几何？”

本题大意说，官府金库中共有 5000 两三种成色不同的金。已知三种不同成色金的重量和每两价值。现在要把这三种成色不同的金熔化炼为足色金，每两加工食药炭钱 3 贯文，总共耗金 972.5 两。试问炼成后的色分和每两价各是多少？

本题是讲各种成色不同的金混合熔化成足色金和每两价值是多少的数学问题。其解法只涉及简单的比例（除法）知识（略）。

从另一个侧面来看，本题反映了宋朝也把成色不同的金或银，熔化为某种成色的金或银的生产工艺问题，因为我国古代人们的生活需要，例如，妇女的首饰或其他饰物（如手镯、耳环、衣服或建筑上的装饰等）都需要用金或银打成首饰或饰物。因此，国家从金（银）库中拿出一些不同成色的金属，熔炼成某种成色

① 方程新术解法此略，有兴趣的读者可参看：徐品方、孔国平，中世纪数学泰斗秦九韶，北京：科学出版社，2007 年，第 177-180 页。

② 色，指成分，即金（或银）中所含纯金（银）的成分（重量）。

③ 足色，指含金（或银）成色十足、百分之百的纯金；显然，成色与足色是不同的概念。

的金属，再制成各种首饰或饰物，供应市场，满足人民的生活需要，这也是一种商贸行为。这种贸易既增加了财政收入，又满足了市场需要和民生所需。

第二节 以物易物

古代最早的贸易是以物易物，直接等价交换的。大约殷周时期出现了货币，商品的直接交换才变成间接交换的。

我国《九章算术》第二章粟米，记载了古代流传下来的以某种粮食按比率兑换另一种粮食的情况，即以物易物，也是商贸交易中的一种形式，秦九韶在《数书九章》中也记载了这种古代留传下来的交易，例如：

1. 第九章市物类“菽粟①互易”题

本题主要讲有关菽与粟互相等价交易的计算问题，原题说：“问菽三升易小麦二升，小麦一升五合易油麻八合，油麻一升二合易粳米一升八合。今将菽十四石四斗欲易油麻，又将小麦二十一石六斗欲易粳米几何？”

本题大意说，若用菽 3 升，可换小麦 2 升；小麦 1.5 升，可换油麻 8 合；油麻 1.2 升，可换粳米 1.8 升。试问菽 1440 升，可换油麻多少？又将小麦 2160 升换粳米，又问可换粳米是多少？

显然，本题前半段给出了菽与麦、麦与油麻、油麻与粳米的兑换情况，求其 1440 升菽可换油麻多少？ 2160 升小麦可换粳米多少？这与古代以物易物类似。

秦九韶贴近生活，关心民生，将这种合理的等价交易介绍出来，亦是民生中的一种贸易形式。

2. 第九章市物类“推计互易”题

原题说：“问库率，糯谷七石出糯米三石，糯米一斗易小麦一斗七升，小麦五升踏曲（酿造用的药曲）二斤四两，曲一十一斤酝（酿酒）糯米一斗三升。

① “菽”，原指大豆，这里泛指豆类的总称；“粟”（学名：*Setaria italica*），禾本科一年生草本植物，是我国北方主要的粮食作物，其果实去壳后，俗称小米；南方的粟指谷子。这里“粟”泛指粮食。

今有糯谷一千七百五十九石三斗八升，欲出谷、做米、易麦、踏曲、还自醖余谷之米，须令适足，各合几何？”

本题大意说，按照比率，糯谷 7 石去壳后可加工成糯米 3 石，糯米 10 升可换小麦 17 升，小麦 5 升可制成药曲 2.4 斤，药曲 11 斤可酿造糯米酒 13 升。今共有糯谷 175 938 升，现要取出糯谷若干加工成糯米，以此换麦、制曲使之适可酿造余下的糯谷加工成的糯米。试问出谷、出米数（得米）、糯米换麦、制成药曲，以及自酿后剩余的谷、种酿米各是多少？

显然，本题反映了我国民生需要的酿造工艺过程中，糯谷出糯米率、糯米换小麦、小麦可制出多少药曲、药曲又可以酿多少糯米酒等情况。同时，说明当时糯米酒的生产工艺过程，显示数学在生产实践中的应用与作用。

秦九韶设置上题和本题，贴近人民生活，关心民生，同时反映了以物易物的比率。从另一方面来看，他揭示了当时以物易物、酿造中的市场交易，这些商业性的市场交易，不仅保障了人民生活需要，促进了生产发展，而且可以增加税收，增长国家财政收入。

总之，通过以上简介，反映秦九韶主张商业贸易，客观上反对我国古代“重农抑商”的国策。

第十章　国防建设

宋朝设枢密院主管军队。一般来说，枢密院的长官不用武官担任，而由文官出任。因此，国防建设全国都有专职人员管理和实施。

宋朝是一个繁荣、富庶的国家，辽、西夏、金等国对她垂涎三尺，并不断入侵，大肆掠夺，所以两宋时期外患严重，先后与辽、西夏、金和蒙古军等发生过战争，尤其是与蒙古军的战争更是旷日持久，最后导致南宋灭亡。

979年和986年辽国两次入侵边境，两次打败北宋军队。北宋朝廷出现了退让求和派，即主和派（实质是投降派）和抵抗派，即主战派。1004年，宋朝主和派与辽国议和，宋朝每年向辽国交纳（上贡）大量银钱和绢物。直到1122年，北宋与金国联合攻打辽国，1125年，辽国灭亡，北宋这才免去纳贡。

就在辽国灭亡的这一年，金国调转矛头，指向北宋。主战派李纲等顽强抗击金兵，军民协力，打退金兵的几次进攻，固守了开封城。可是，北宋最后一个皇帝钦宗，没有抗战的决心，当受到投降派包围的时候，不仅罢了抗战派李纲的官，而且还同意割地赔款，与金国求和。这件事激怒了东京（当时的国都开封）人民，以太学生（大学生）陈东为首，有十多万人民聚集在皇宫门前要求启用李纲坚决抗金。群情愤慨，呼声震天，钦宗最后才不得不给李纲复职。金军眼见有三重城墙防守的开封，一时不易攻下，而民气又不可侮，便暂时撤退了。

金兵撤退后，北宋朝廷的官吏们依旧过着腐化的生活。不久，投降派掌握了大权，又罢了抗金派李纲的官。1126年秋，金兵利用北宋朝廷的腐败，与投降派勾结，于当年出击，次年即1127年，攻克东京，北宋灭亡。

1127年，宋钦宗的弟弟赵构建立南宋，史称宋高宗。宋高宗只满足于维护东南半壁江山，根本没有收复被金国占领的北宋这块中原宝地。南宋初年，朝廷又出现了主战派和主和派，金军几次南下，进入黄河流域，遇到了主战派王彦领导的“八字军”等义军的抵抗。1127 年冬至到 1129 年冬，金兵又三次侵入南宋，退让求和的宋高宗采取不抵抗政策，任凭金军长驱直入。他逃亡到浙江沿海地区，甚至乘船下海逃跑，金军追到海上，被宋军主战派的水师打退。故今有人称宋高宗为“逃跑皇帝”。

1130 年年初，金军又来侵犯南宋疆土，掠夺财富和人口，遭到了南宋主战派韩世忠（1089—1151）的阻击，他同八千将士打败了号称有 10 万的金军。在金军撤退时，又被主战派岳飞（1103—1142）阻击，金军被打得落花流水。

可是，在外侵掠夺人民的同时。南宋统治者内部又借抗金的名义，加紧搜刮人民。从前线败退下来的官兵，也趁火打劫，奸淫掳掠，无恶不作，又给南宋人民雪上加霜，带来沉重的灾难，人民过着暗无天日的生活。他们不断起义，打击金兵和南宋统治集团，其中规模较大的有南宋境内的湖湘地区的钟相、杨么（音腰 yāo；么，又作幺）起义领导的农民起义军。他们提出“等贵贱，均贫富”的口号。杨相说:“法分贵贱贫富，非善法也。我行法，当等贵贱，均贫富。”（大意说，法律分贵贱贫富，不是好法律。我们要建立推行的法律必须是贵贱平等、贫富平均的。）

可惜这些抗金、反对议和投降的农民起义军，都先后被南宋统治者镇压了。

南宋皇帝宋高宗又用了自称从金国逃回的秦桧为相以后，以他俩为首的议和投降派占了上风，策划对金求和谈判，遭到了主战派将领岳飞、张浚和韩世忠等的坚决反对。1141 年，宋高宗与秦桧合谋收回张浚、韩世忠和岳飞三大师的军权，并与金订定“绍兴合议”，向金割地纳银。1142 年，一日以十二道金牌将岳飞召回，以“莫须有”的谋反罪名杀害了岳飞，制造了历史上一桩特大冤案，真是“欲加之罪，何患无辞”（语出《左传·僖公十年》）。

已经做了 36 年皇帝的宋高宗，整日提心吊胆，厌倦皇帝生活，1162 年宋高宗让位他的养子赵昚（音慎 shèn），史称宋孝宗。在国内一片舆论压力下，宋孝宗立即启用主战派将领张浚，并为岳飞平反昭雪，为死难主战派烈士平反，准备收复被金占领失地，企图免去纳贡。宋军打了几个胜仗之后，金兵组织反攻，然而由于南宋将领内部不和，宋孝宗动摇了。他以秦桧余党汤思退为相，准备跟金退让求和。张浚因坚决反对，被罢去右相。1164 年，在议和投降派占上风时，第二次与金议和，史称“隆兴和议”，于是又向金国纳银钱和绢物赔偿等。

1194年，南宋第四位皇帝宋宁宗继位，他最初也想收复失地，讨伐金军。在准备12年后，开始攻打金兵，但因南宋的军政大权又落到了议和投降派手里，伐金不到两年，在秦九韶出生的1208年第三次与金议和，纳贡的银、绢等在原来的基础上又增加了很多，直到金国1234年灭亡为止（共26年）。

由于对金国统治者和南宋投降派的不满，农民起义武装反抗，文人写诗词表达不满和谴责。例如，杨安儿、李全为首的农民起义军（又称“红袄军”）；因一贯主张抗战，而被遭到打击、排斥；不被重用的爱国诗人陆游在临死前也渴望宋朝南北统一，赶走金军，留下用诗写成的遗嘱《示儿》。类似的诗词与反抗金兵的记载很多，此略。

南宋战争减少，为经济的发展提供了条件。同时，由于北宋灭亡后，北方人口大量南迁，为南方经济的发展提供了劳动力。南方的农业、手工业和商业有了较快的发展并且开始繁荣。中国的经济中心移向南方，带动了南宋科学技术的发展。南宋的城市也发展起来，首都临安的人口就有120万之多，最高时达250万人。当时整个中国城市化率高达21%（这个数字在当代的中国直到20世纪80年代才重新达到）。当时，一大批从北方或从南宋农户迁徙到首都变成城市人口，只要他们承担徭役，政府不禁止农户到城市定居①，因此首都成为当时全国最繁华的城市。

再者，南宋人民的起义和将士的反抗，一方面打击了南宋投降派的气焰，另一方面也阻碍了金军的掳掠，从而保证了南方的和平，使南宋政治、经济文化和科学技术得到了发展。与此同时，金国在北方也推行了一些恢复农业生产的措施。这样，南方的商品经济都得到了发展。

秦九韶了解到他生前这段南宋历史，燃起了他仇恨议和投降派的火种，他认为，朝廷退让议和，就是投降，投降是没有出路的，最终会走向灭亡。

秦九韶时代，南宋第五位皇帝宋理宗上台，1234年，南宋与蒙古合作攻金，金国灭亡。不久，蒙古军把矛头转向南宋，南宋遭受惨重的损失，但也遇到了主战派将领孟珙的坚决反抗，收复了成都和襄阳等地。但蒙古军队攻势不减，宋理宗一心退让求和，以求苟安。1241年，因蒙古首领窝阔台病死，和议才停顿。

在蒙军入侵之初，秦九韶已由义兵首升为四川郪县县尉，负责县内治安，

① 刘石九，中国历史上如何对待“京漂”，载《壹读》，2014年第3期。

防御蒙古军入侵的军事指挥，他深知国防建设的重要性，认为尚武、崇俭、发展经济和国计民生是治国的中心内容。

秦九韶在多年为官的生涯中，一直思考一个问题，富裕的两宋军队为何没有作战能力？原因是什么？于是他开始研究国防军事建设。他认为原因虽多，但主要有以下两点：第一，宋朝的基本国策是“兴文教，抑武事”，亦即重文轻武。“兴文教”不滥杀文人是对的，但是“抑武事”不重视国防建设就不对，必须富国强军，强军富民。第二，要做到富国强军和富民，关键是皇帝必须是一个勤政爱民、雄才大略、不昏庸、治国有方的贤明君主。在用人方面必须任用有谋略、不腐败的人，防止奸佞小人争权夺位或左右皇帝或欺压百姓。

秦九韶认为，宋徽宗是一个无方无能的皇帝，他接手时北宋是一个富庶广大的王朝，当时国民生产总值占世界的80%（史料记载，北宋的总收入是明朝的10倍），可谓是富国，但富国不强军，因为在徽宗做端王时，当朝皇帝任用了一个不学无术的佞人高俅，蹴鞠的高俅成为指挥北宋80万禁军的三衙统帅。在唐朝以前，是没有职业军人的，北宋开始实行募兵制。高俅是市井无赖，他招兵只有一条“绝招”，就是专招有一技之长的人，然后利用这些人的特长去赚钱，成为高俅的赚钱工具。并把80万禁军中的3000名士兵，成为他主持枢密院的“家用服务员”。

北宋末年著名画家张择端（1085—1145）的杰作《清明上河图》描绘了北宋都城的自然风光和繁荣景象，表现了当时社会经济繁荣、国富民强的景象（田野、村落、赶集、饭店、客栈一片繁荣兴旺，船、桥、商业区、街道、城市、车马行人川流不息，高宅深院，买卖货摊……），这幅画展示了北宋的国富民强。但是，国富军不强，最后被金灭亡。

在战争减少时，南宋农业、手工业和商业繁荣、经济发达。但是，南宋在宋高宗太上皇的思想影响下，孝宗治国无方，仍是害怕金国，总想议和，苟且偷安。他在秦桧、贾似道为首的投降派左右下，形成了议和投降派，他们不去抓军队建设和坚决支持主战派保家卫国，相反的是打击主战爱国将士。因此，南宋国富军不强，常常被元金打败，最终灭亡。

所以，秦九韶认识到治国应该是富国与强军兼顾。富国是强军的基础，强军是富国的保障。因此，他主张应该经济建设和国防建设统筹兼顾，如果富国不强军，军事落后，必须招之挨打，或打仗常败。

秦九韶长期累积国防建设的思考，得出的结论是：宋朝是以皇帝及其奸佞为首，对外议和投降，打击主张抗战的文武官员；对内任用奸佞小人，残酷压迫、剥削人民，富国不强军。于是，他在《数书九章》系文中除提出治国总纲“惟武图功，惟俭昭德”外，在正文中还专门安排一章军旅类，设置九个数学问题和解法，结合他抗蒙战争的实践，提出富国强军、强军富民的治国主张，并将数学方法用于强军的备战抗敌的国防建设之中。

他在“述军旅第八”的系文中，提出具体的强军措施：

天生五材，并去未可。
不教而战，维上之过。
堂堂之阵，鹅鹳为行。
营应规矩，其将莫当。
师中之吉，惟智仁勇。
夜算军书，先计攸重。
我闻在昔，轻则寡谋。
殄民以幸，亦孔之忧。

意思是说，一个国家的军队，如同自然界有金、木、水、火、土五种天然物质一样，国家必须有军队，绝不能解除自己的武装。军队不训练就去打仗，则是将帅的严重过错。打仗阵容堂堂正正，军士排成鹅鹳阵的行列。军营布置应有规矩，那将无人可以抵挡。军队打仗要取得胜利，全靠官兵的智、仁、勇德行。将帅夜读兵书，认真运筹，首先要讲究谋略。我听说过去的军事教训，在于轻敌与少谋。议和不抵抗，不爱惜民众生命而侥幸求胜，也是孔子所忧虑的。

我们知道，上面系文中的智、仁、勇是儒家传统道德中的三个重要范畴。具备这三德，即可成为真正的君子。在《论语》“子罕”中，孔子说：“知（智）者不惑，仁者不忧，勇者不惧。”意思是说，聪明人（智者）不会迷惑，有仁爱的人（仁者）不会忧愁，有胆量的人（勇者）不会畏惧。在《礼记·中庸》也说：“知（智）、仁、勇，三者天下之达德也。”意思是说，智慧、仁爱和勇敢是天下的通德。因此，秦九韶特别要求军队官兵必须具备这三个重要的德行素质。

秦九韶这段系文，针对南宋提出了军队建设的必要性和重要性，并指出过去的军事训练、军事谋略和官兵德行等存在严重的问题，特别是他斥责统治者和某些将领不重视军事训练，缺乏抗敌方略，“我闻在昔，轻则寡谋”“不教而战，惟上之过”。他们不顾军民死活的丑恶行径，侥幸求胜，即“殄民以幸”。因此，他响亮地提出军队的素质、取胜，靠的是官兵智、仁、勇的德行，即“师中之言，惟智仁勇”。统治者抵抗外侵不得力，侥幸议和、苟且偷安等于解除自己的武装。

从上可知，在当时民族矛盾十分尖锐，蒙古大军压境下，他忧国忧民，关心民族兴亡的爱国感情跃然纸上。

因此，为了贯彻他的国防建设思想，他又在《数书九章》第八章军旅类等处，设置了国防建设的 11 个数学问题，将数学用于国防，他这 11 个题占全书 81 题的 13.6%，不仅强军的比重大，而且内容也很全面，涉及南宋用兵、布阵、军营、操练、兵器和给养等诸多方面，这些宝贵资料具体地弥补了宋代兵法《武经总要》（1044 年）之不足。例如，军营布置（有“计立方营”“计布圆阵”和“圆营敷布”题）、阵法布列（有“方变锐阵”题）、军需供应（有“计造军衣”题）、制造兵器（有“军器功程”题）、勤务分配（有“均敷徭役”题）、侦察敌情（有“望知敌众”“望敌圆营”和“望敌远近”题）和行军问题（有“先计军程”题）。

第一节　军营布置

众所周知，军营就是兵营，是军队居住或扎营的地方，又称营地。古代打仗时住的营房是用帐篷搭成的，叫营帐。

营地布置关系军队的安全、训练，也与进攻和防守相关，是军队的一个重要问题。所以秦九韶在系文中指出“营应规矩，其将莫当”。

秦九韶在书中设置了几个重要问题，例如：

1. 第八章军旅类“计立方营”题

原题说：“问一军三将，将三十三队，队一百二十五人。遇暮立营，人占地方（指正方形一边长）八尺。须令队间容队，帅居中央，欲知营方几何？”

本题大意说，今有一军有三将，一将统领33队，一队有125人。这支部队行军到傍晚时，准备建立营地，营地为正方形（从书上图形可以知道）。每个人所占正方形地边长为8尺，规定队与队之间必须留出一个队的位置，统帅居住在营地的中央。试问正方形营地的一边之长是多少？

秦九韶在原著中画出了两图“方营各队图”和“方营总图”，如图10-1和图10-2所示，设计了当时部队的方形营地，亦是南宋军营布置的一种宝贵史料。

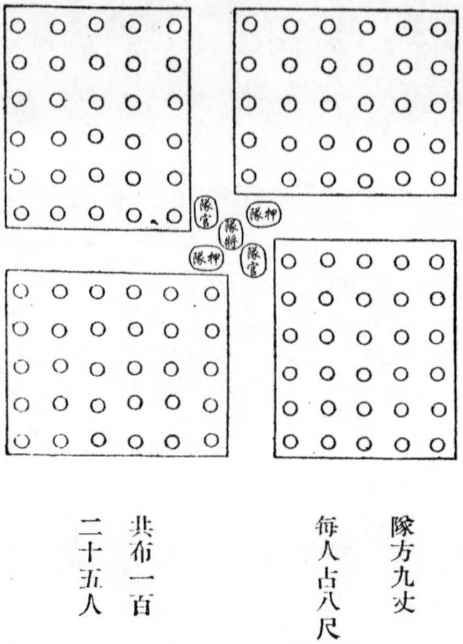

图10-1 方营各队图

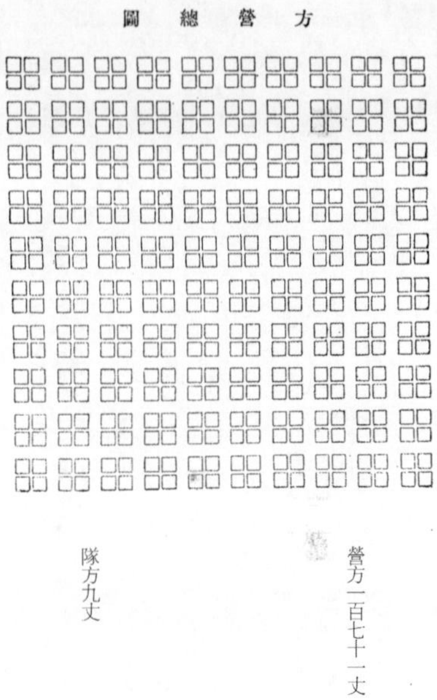

图10-2 方营总图

2．第八章军旅类“圆营敷布”题

原题说:“问周制一军[①]，欲布圆营九重。每卒立圆边六尺。重间相去，比立尺数倍之。于内摘差[②]兵四分之一出奇[③]，不可缩营示弱，须令仍用元营布满余兵。欲知元营内、外周，及立人数;并出奇后，每卒数，立尺数，外周人数各几何？”

本题大意说，如果用周代军队编制一军人数为12 500人来布置圆形军营，圆营为9重。在圆周上每隔6尺布列一卒。现在在原来的一军人数内，选出1/4

① “周制一军”，依秦书草曰为12 500人。

② “摘差”，指选派之意。

③ “出奇”，意指出人意料的出兵。

的人作为出人意料的特别出奇兵。但不能因缩小而显示出兵力薄弱，必须用剩余兵力布满圆营。试问原来圆营的内外圆周长及其圆周上站立的兵卒人数各是多少？出奇兵之后，原内、外两重圆周上各站立多少人？外周每卒站立多少尺？

秦九韶在上题设置了正方形营地布局之后，又设置了本题——一种圆形营地布列的数学问题及其解法，并且他还画出了示意图，如图 10-3 和图 10-4 所示。

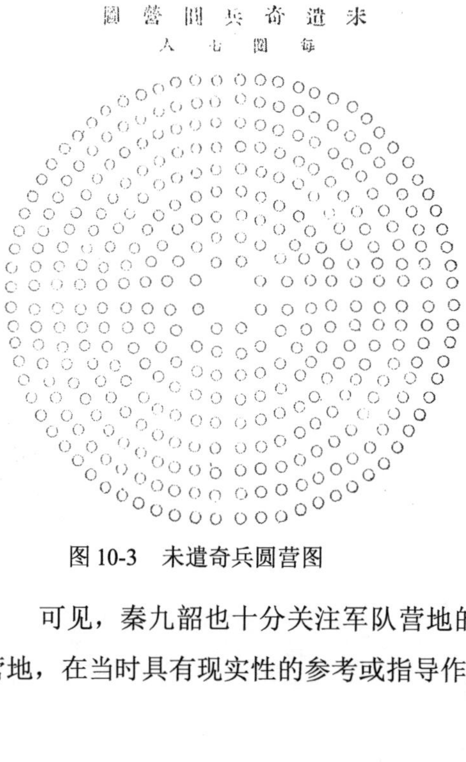

图 10-3　未遣奇兵圆营图

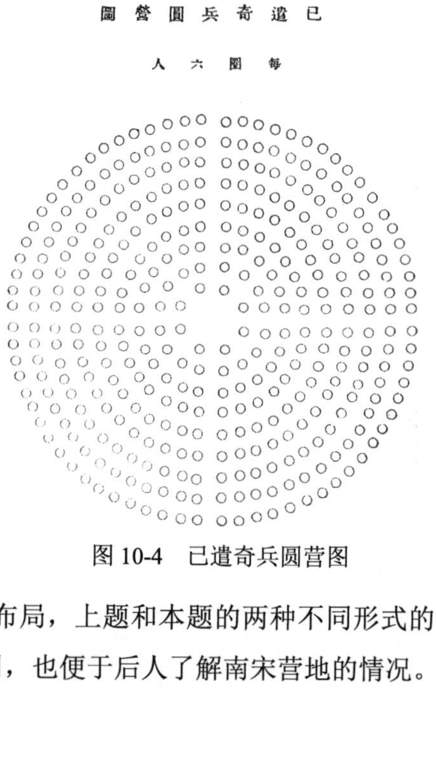

图 10-4　已遣奇兵圆营图

可见，秦九韶也十分关注军队营地的布局，上题和本题的两种不同形式的营地，在当时具有现实性的参考或指导作用，也便于后人了解南宋营地的情况。

第二节　阵法布列

“阵”是古代战术用语，指队伍的行列与组合方式，如官兵摆了一个长蛇阵“严阵以待”。

古代的阵法在冷兵器打仗时也很重要，并且排列种类很多，如他在系文中说“堂堂之阵，鹅鹳为行”。因此，军队指挥者应当精心设计堂堂之阵。秦九韶在书中给出了一些。当然，古代打仗胜败因素的阵式仅是次要的，关键因素是官兵的智、仁、勇，其主导核心和作用，是将帅的组织能力。《孙子》七计之中讲过“主孰有道？将孰有能？法令孰行？赏罚分明”就是这个意思。

关于阵法布列，秦九韶在书中设计了以下几种，例如：

1. 第八章军旅类“方变锐阵”题

“方”指正方形，“锐阵”指正三角形，本题讲正方形阵法变为正三角形的布列与计算问题。本题说；“问步兵五军，军一万二千五百人，作方阵，人立地方八尺。欲变为前后锐阵，阵后阔，今多元方面半倍。阵间仍容骑路五丈以上，顺锐形出入。求方阵面、锐阵长及前后锐阵各布兵几何？”

本题大意说，若有步兵 5 个军，每军 12 500 人，布列为正方形阵，每个人占正方形的一边长为 8 尺。现在要把正方形阵势变为同一底边 *BC* 的前后两个正三角形阵势。“锐”指锐角正三角形［秦九韶书上画出了示意图，如图 10-5 和图 10-6（a）所示。为了说明，笔者用现代符号表示图 10-6（b）中两个正三角形 *ABC* 和正三角形 *A'B'C'*，*BC* 与 *B'C'* 在一直线上，此图比例缩小画出］。前一个正三角形阵的后阔（*BC* 之长），多出原正方形阵一边长的半倍。前后两个正三角形阵之间有 5 丈宽的(骑)马路（即由 *A'B'B''A''C''C'A'* 围成的骑路），试求方阵、锐阵一边之长及前两个锐阵各布列多少兵？秦九韶画出了示意图，如图 10-5 和图 10-6（a）所示，并给出了数学解答和答案（略）。

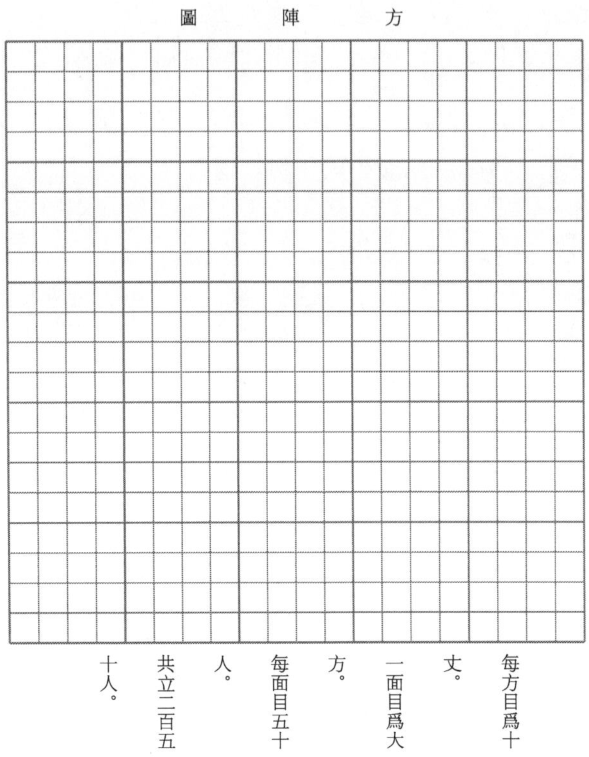

图 10-5　方阵图

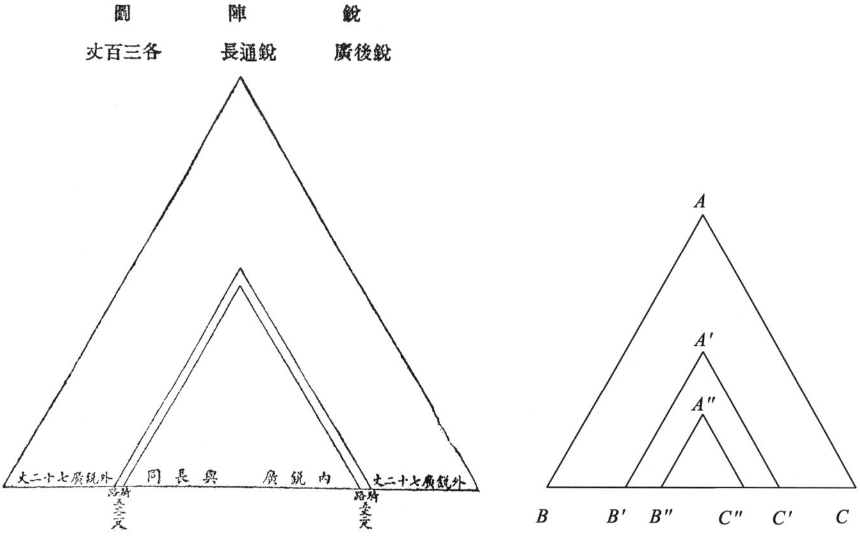

（a） （b）

图 10-6 锐阵图

近代有人指出秦九韶此题解法不能成立[①]，我们同意此说。

这里我们从另一个侧面探讨秦九韶设置此题的用意。他的用意十分明确，就是介绍当时打仗的一种阵法的布列。他设计并计算了怎样由正方形阵变换为正三角形阵的问题，给后人留下了这种阵法的布列的史料，值得称道。

2．第八章军旅类“计布圆阵”题

原题说:“问步卒二千六百人，为圆阵。人立圆边九尺，形如车幅[②]，鱼丽[③]布阵。阵重间，倍人立圆边尺数。须令内径七十二丈，圆法用周三径一之率，欲知阵重几数，及内外周通径，并所立人数各几何？”

秦九韶在书中画出了示意图，如图 10-7 所示，为了说明布阵情况，笔者另画图说明，如图 10-8 所示。

① 吴文俊，秦九韶与《数书九章》. 北京：北京师范大学出版社，1987 年，第 428—432 页。
② “幅“应为辐，指车轮中连接车毂（音鼓 gǔ）和轮圈的一条条直棍或铁木条或撑条。
③ “鱼丽”，古代的一种阵法。

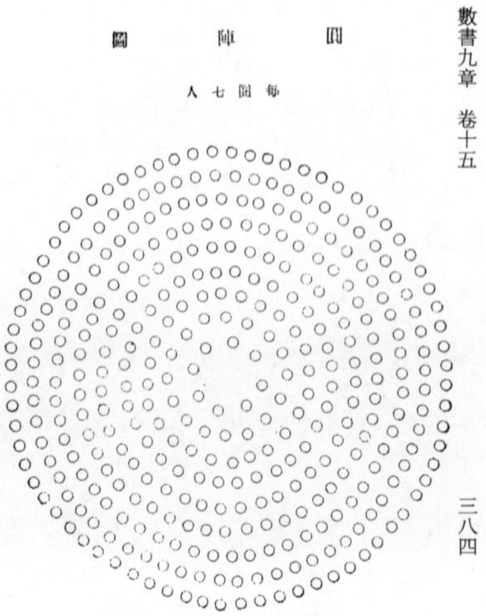

图 10-7　圆阵图

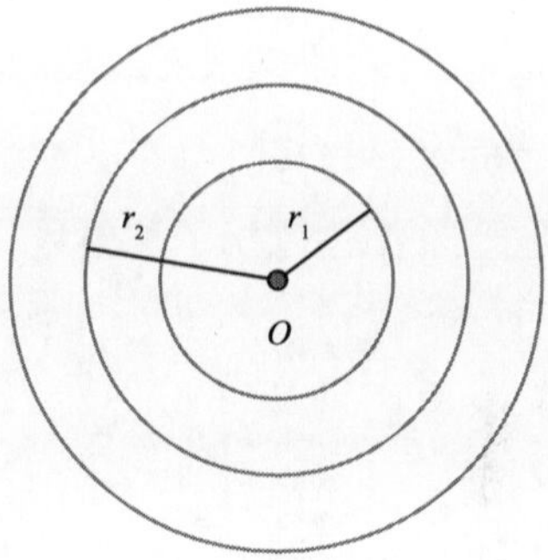

图 10-8

本题主要介绍圆形阵的布局方法和计算方法。

本题大意说，今将步兵布列成圆形阵，兵卒站立在圆周上，每隔 9 尺 1 人，形如成轮上支撑（铁或木）条，按照古代车战的一种鱼丽阵法布局。阵重间的距离是人立圆边尺数的 2 倍。已知圆阵内径、圆周率，如图 10-8 所示。试问圆阵布列了几重？圆阵的内、外周长以及外圆直径是多少？并且在内、外圆周上各站了多少人？

秦九韶经过数学计算得到九重圆阵的有关答案。但从另一个侧面看到，他根据古代车战的鱼丽阵法的圆阵，告诉部队的统帅，假设有 2600 个士兵，怎样布列为九重圆阵的具体方法和数据。有可能是当时的一种最佳战术的阵法。

第三节　侦察敌情

古今战争，军队打仗，都离不开侦察。侦察是为了弄清敌情、地形营地及其有关作战部队的情况而进行的活动。侦察作用之一正如《孙子·谋攻》上说的“知己知彼，百战不殆”。秦九韶在《数书九章》中设置了以下几个侦察方面的数学问题，例如：

1．第四章测望类“望敌圆营”题

本题讲的是侦察敌人圆形营的情况。原题说：“问敌临河为圆营，不知大小。自河南岸至某地七里，于其地立两表，相去二步。其两表与敌营南北相直。人退西表一十二步，遥望东表，适与敌营圆边参合。圆法用密率[①]。里法三百六十步。欲知其营周及径各几何？”

秦九韶在书中画出了测望敌营的示意图，如图 10-9 所示。

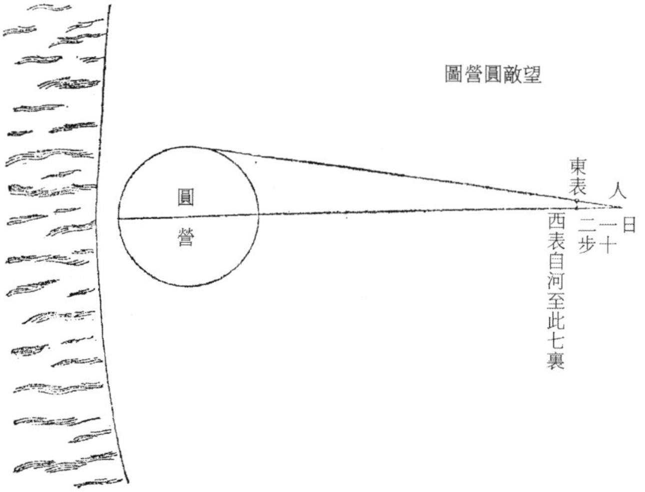

图 10-9 “望敌圆营”题图

本题大意说，今有敌人在河边建有一圆营，不知道敌营的大小。我军为了侦察其大小，今在河的南岸距河岸 7 里远的某一个地方，竖立两根相距 2 步的标杆进行测量。题中给出了具体的测量方法，如图 10-9 所示。

圆周率 $\pi=\dfrac{22}{7}$，1 里＝360 步，则问敌圆营的周长和直径各是多少？

显然，秦九韶设置的本题，他采用古代测量术进行侦察测算，并给出了答案。对于这种可望而不能直接达到的敌营的侦察，在距敌营远处，用这种简易方法，可以获得近似敌营的大小。因此，采用测量术，不仅在工程技术中有用，就是在军事侦察方面也适用（下面一题类似）。当代测量远近已经用经纬仪之类或更先进手段代替古代测量术了，但是在古代这种方法是适用的。秦九韶巧妙地介

① 此处，秦九韶在《数书九章》中把$\frac{22}{7}$叫圆周密率，而公元 5 世纪祖冲之则称$\frac{22}{7}$为约率，$\frac{355}{113}$为密率。

绍了这种侦察方法。

2．第八章军旅类“望知敌众”题

本题就是观测敌军圆营后计算出敌军人数。原题说：“问敌为圆营，在水北平沙，不知人数。谍称彼营布卒占地方八尺[①]。我军在水南山原。于原下立表，高八丈，与山腰等平。自表端引绳虚量，平至人足，三十步。人立其处，望彼营北陵，与表端参合。又望营南陵，入表端八尺。人目高四尺八寸，以圆密率入重差，求敌众合得几何？”

秦九韶画出了示意图，如图 10-10 所示。

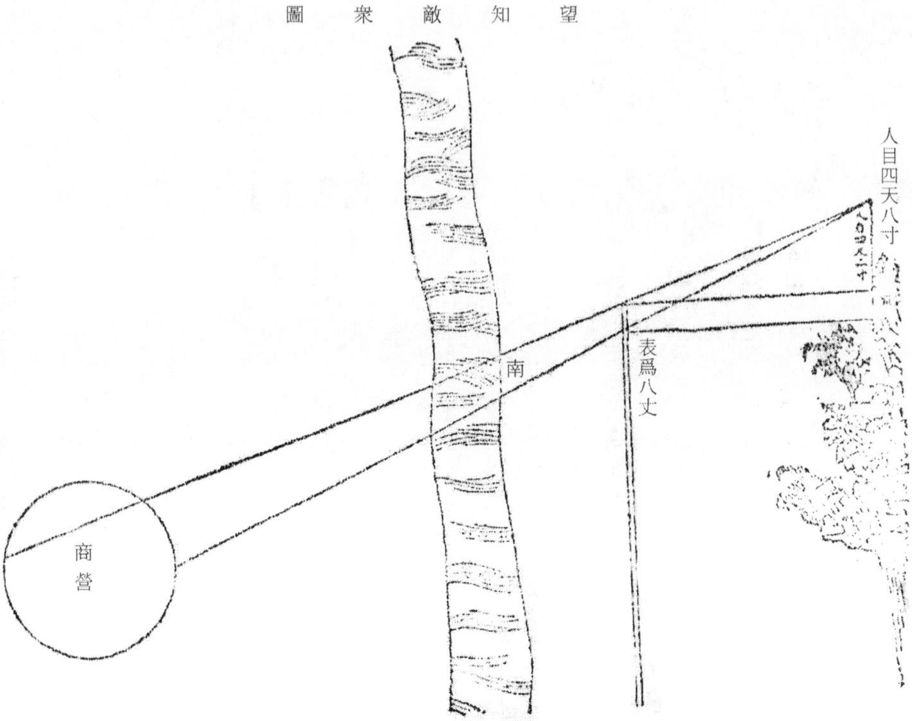

图 10-10 “望知敌众”题图

本题大意说，今有敌军驻扎在河北面的沙滩平地上，布列为圆形的营地，不知敌军人数。据我方侦察员观测后说，敌军布列的士兵占地圆边 8 尺。我军

① 有人认为此指人立圆边 8 尺。

在河的南面的山原下竖立一根测量的标杆（表），标杆高 8 丈，与山腰等高。接着题中给出了测量方法。试求敌军共有多少人？

显然，这题也是侦察测量相隔一条河不可到达敌军圆营人数的计算题，尽管秦九韶解答有误，但他却为我们设计了怎样侦察、测量敌圆营的方法以及数学计算方法（略）。这是一种简易可行的近似侦察测量术，通过计算可以获得敌圆营共有多少人的近似数，在当时是管用的。题目新颖、实用与可操作性强。

3．第四章测望类“望敌远近”题

原题说：“问敌军处北山下，原不知相去远近。乃于平地立一表，高四尺。人退表九百步，步法五尺。遥望山原，适与表端参合。人目高四尺八寸。欲知敌军相去几何？

秦九韶画出了示意图，如图 10-11 所示。

图 10-11 “望敌远近”题图

本题是测量敌我两方相距距离的问题。

本题大意说，今有敌军驻扎在北山下面，不知距离我军有多远。为了测出敌军离我军的距离，在有大树的平地上竖立一根标杆，标杆 4 尺，如图 10-11 所示。题中给出了测量方法。试问敌军距我方测量点的距离有多远？

显然，秦九韶又设置了一道敌军在山下扎营地与我军侦察者之间的距离及其计算问题，给出了测法与算法（略），在当时的测量术水平下可得到敌我距离的近似值。

以上三题说明，秦九韶介绍的侦察测量计算方法，是当时在打仗前“知己知彼”的一种简单易行的侦察方法。这也显示出了他将数学工具用于军事的本领。为国防建设作出了贡献，值得称道。

第四节 行 军 问 题

古代行军打仗的士兵大都是步行的步兵，少数是骑兵。他们一天行走多少里？即行军速度问题，有时行军遇到河水相隔等障碍，还要测量河宽。这些军旅类的问题，秦九韶都考虑到了，并且设置了数学问题及其计算方法，例如：

1. 第八章军旅类“先计军程”题

原题说，“问一军三将，将十队，队七十五人。每将分左右傔[①]，作九行，爬头拽行，每日六十里。明日路狭，以单傔拽行[②]，至晚。欲先知宿程里数，合几何？”

这是一道关于步兵在将军带领下行军前进的速度问题。本题大意说，今有一军三个将领，每将带领 10 个队，每队有兵 75 人。每将所带的士兵分成左右两边共排列成 9 行前进。每日行军 60 里。第二天因道路狭窄，改排成单行一个接着一个行走，到了晚上才到达宿营地。试问队伍到宿营地所走过的路程里数是多少里？

秦九韶设置步兵行军时的两种情况，第一日分成左右两边成 9 行前进，第

① “傔”音歉 qiàn，意为侍从。

② “单傔拽行”，指一个接着一个地单行行走。

二日分成单行行军。他给出了简明的数学计算方法和解答（略）。显然，他反映了当时步兵行军的一种情况。告诉人们行军速度的快慢，在战争中十分重要，秦九韶给出的简捷的数学计算方法，帮助长官知其行军速度。他设计的数学模型具有现实性、可行性和可操作性。

类似计算速度的问题的还有，如第一章大衍类“程行计地”“程行相及”题等。

2．第四章测望类“陡岸测水”题

本题涉及部队行军遇到河水阻挡，需要建造渡河的浮桥的实际问题。原题说：“问行师遇水，须计篾缆，搭造浮桥。今垂绳量陡岸，高三丈，人立其上，欲测水面之阔。以六尺竿为矩，平持去目下五寸。今矩本抵颐，遥望水彼岸，与距端参相合。又望水此岸沙际，入矩端三尺四寸。人目高五尺。其水面阔几何？”

秦九韶画出了示意图，如图 10-12 所示。

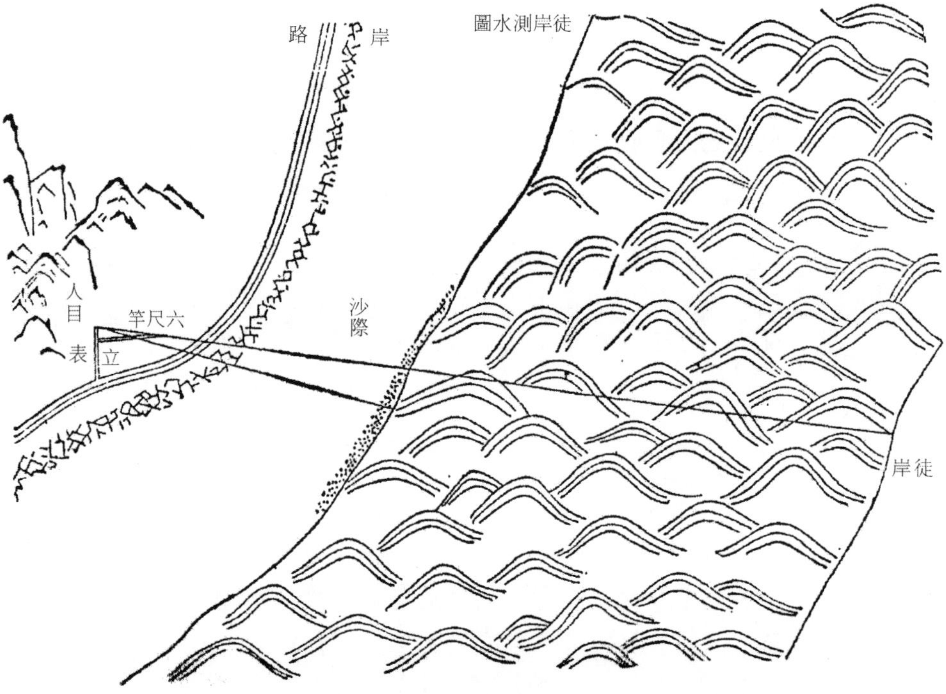

图 10-12 “陡岸测水”题图

本题大意说，今有部队行军中遇到河水阻挡，为了渡河，欲搭造浮桥。为此，须知河宽及其搭桥篾缆材料。本题给出了测量河宽的具体方法。

试问河水面的宽是多少？

秦九韶设置部队行军遇到河水阻挡，需要搭浮桥过河时，可用上面测量方法，测得有关数据，容易利用相似形原理算出河面宽度的近似数。秦九韶不愧是一位数学家，他把数学知识用于军事测高量远方面。按照他的设计一定可解决不可达到的高或距离的目标的测量，尽管是近似值，但很适用。

第五节　制造兵器

在我国古代冷兵器时代，弓、刀、箭等都是当时最主要的作战武器，每个国家都有兵器制造作坊或工厂。兵器的质量、生产能力、生产效率及管理水平，是国防建设中一项重要的工作，它不仅代表一个国家的军事实力，而且对于直接杀伤敌人有生力量或破坏敌方器械或战斗胜负有着一定作用，成为战略决策者运筹帷幄的重要砝码之一。

同时，武器问题，又是兵器生产部门组织计划生产和研制的重要任务。

秦九韶重视国防，主张富国强军，在制造兵器方面，也设置了数学问题，给出生产效率等方面的数学计算，例如：

第八章军旅类“军器功程”题，给出有关制造兵器的工期（即功程）或工作效率的计算问题，原题说：“问今欲造弓刀各一副，箭一百万支。据功程，七人九日造弓八张，八人六日造刀五副，三人二日造箭一百五十支。作院见管弓作二百二十五人，刀作五百四十人，箭作二百七十六人。欲知毕日几何？”

本题大意说，今欲制造兵器弓、刀各 1 万副，箭 100 万支。根据工程的工作效率或进度，7 人 9 日造弓 8 张，8 人 6 日造刀 5 把，3 人 2 日造箭 150 支。在制造兵器作坊（题中“作院”，相当于今称的兵工厂或军械制造厂之类），现有造弓的工匠 225 人，造刀的工匠 540 人，造箭的工匠 276 人。试问按现有工匠人数和工作效率或进度，需要多少日才能完成弓、刀各 1 万副，箭 100 万支的任务？

秦九韶设计的这道题，是按已知的工作效率（“功程”）和生产能力（现有弓、刀、箭的工匠人数），设计与计算完成一批新兵器生产任务的模型，他给出了数学计算与答案（略）。告诉兵器制造的管理者，若战事紧急，兵器需求量很大时，管理者怎样根据现有生产能力才能保质保量地完成任务，如多安排人力或多找几家作坊或提高生产效率等，以保证战争需要的兵器。

此外，本题还便于我们了解南宋当时制造冷兵器的水平等情况，是一份可贵的历史资料。

从上可知，秦九韶尚武强军的治国主张不是空洞的，是具体和可操作性的措施，是一项强军治国的系统而全面的方案，值得称颂。

第六节 军需供应

军队的军需供应（给养）中的穿衣问题，也是一个重要问题，秦九韶也在《数书九章》中设置数学问题，从数学角度给出计算方法，这表明他对国防建设的思想与考虑是很全面的，例如：

第八章军旅类“计造军衣”题，原题说:“问库有布、绵（指丝棉)、絮[①]三色，计料欲制军衣。其布，六人八匹少一百六十匹，七人九匹剩五百六十匹。其绵，八人一百五十两剩一万六千五百两。九人一百七十两剩一万四千四百两。其絮，四人一十三斤少六千八百四斤，五人一十四斤适足。欲知军士及布、绵、絮各几何？”

本题大意说，现在库房里存有布、绵、絮三种材料，现用这些材料来制造军衣，需要先计算有多少。库房里的布，若 6 人 8 匹，则不足（少或差）160 匹，若 7 人 9 匹,则剩余（或盈）560 匹。库房里的绵,若 8 人 150 两,则剩余（或盈）16 500 两;若 9 人 170 两，则剩余（或盈）14 400 两。库房里的絮，若 4 人 13 斤，则少（不足）6804 斤；若 5 人 14 斤，则刚好够用。试问有多少军士？布、绵、絮各有多少？

秦九韶设计这道题，从算法来讲是继承《九章算术》盈不足术，他给出了

① “绵”指蚕丝结成的片或团，又叫“丝绵”。“絮”指粗丝棉。《广韵·二仙》:“精曰绵，粗曰絮。”

三种不同类型的解法（略），亦是《九章算术》的算法[①]；但从军队管理学来讲，怎样根据库存（或市场）资源，合理设计出所需要的军衣。古代的布、绵、絮等是国家战略储备物资，精确计算制衣用料，不盲目备料，不造成浪费，为军事管理者提供决策的理论数据，对国家军费有计划的开支和国计民生都有益。

第七节 勤务分配

军队除训练、打仗外，还有公差勤务，如修桥铺路、内外勤杂工作等，因此，军队中派遣公差勤务是一项经常性的工作，勤务分配的公平、合理，可以提高部队士气，形成战斗力，否则容易产生负面作用，千万不能低估其作用。

秦九韶曾担任过县尉，负责地方治安和稽查走私等工作，后来也参加过抗蒙战争的军事指挥工作，也带领过一些“溃卒”，因此，具有一定的军事管理能力。在分配士兵个人或集体的勤务（或叫徭役）时，他倡导必须合理、公平和公正，如果公差勤务徭役不均，会产生不良后果，他在《数书九章》中，也设置了这类数学问题，用数学方法介绍了按比例合理分担勤务的管理工作，例如：

第八章军旅类“均敷徭役”题，原题说：“问军戍差坐烽[②]摆铺[③]，切虑差徭不均。今诸军共合差一千二百六十人。契勘[④]诸军见管，前军六千一百七十人，右军四千九百三十六人，中军七千四百四人，左军三千七百二人，后军二千四百六十八人。各军合差几何？”

本题大意说，今有军队驻守边疆，要差遣、安排士兵去烽火台值班或驿站工作，经过切实考虑，避免所差遣徭役不均，要在（前、后、左、右）诸军中差遣总共1260人。按照各军人数的比例，进行徭役分配，已知诸军人数。前军6170人，右军4936人，中军7404人，左军3702人，后军2468人。试问诸军各应派遣多少人？

---

① 详见：徐品方，白话九章算术，成都：成都时代出版社，2002年，第239-252页。

② “烽”指报敌警来犯的烽火。

③ “铺”指古代驿站。

④ “契勘”，“勘”即核对，“契”指合同。在古时调遣军队，以符契为凭，将符剖为两半，调遣者与被调遣各执一半，调动时双契吻合才准调动。

秦九韶设置的这个问题，提出军队派遣勤务，应按比例，公平、合理地派遣，并给出了数学方法和答案（略）。实质上是告诉军队管理者，对待每个部队或士兵派遣执行公益勤务工作，一定要公正、合理，不能出现“差徭不均”的情况，因为“差徭不均”，会降低部队士气，影响战斗力等，引发诸多矛盾。由此看来，“均數徭役”不仅是地方政府各部门安排人力、物力资源以及赋税徭役的问题，在军队管理中的勤务分配也是应当注意的，不能忽略这个问题。

综上所述，秦九韶结合他亲身的县尉工作和参加抗蒙军事战斗的实践或个人研究所得，在军旅类等处提出一些数学问题，将数学方法用于备战抗敌。在现存的古算书中，《数书九章》中的军事数学内容是最丰富、全面的。在此之前，《五曹算经》（5、6 世纪）曾记载了一些简单的军事数学内容，在《数书九章》之后的《四元玉鉴》（1303 年）中也有与军事有关的题目，但都比较零散，不全面、不系统，质量不高，而秦九韶《数书九章》军旅类中的问题，则相对系统、全面和严谨，包括军营布置、阵法布列、侦察敌情、行军问题、制造兵器、军需供应、勤务分配等，客观上从侧面反映了宋朝军事设置的史料，同时他一针见血地揭露宋朝国富不强军，特别是皇帝与奸臣的怕敌思想，求和苟安，重文轻武，致使军事失败，最终导致亡国。而秦九韶等一批主战派，不怕罢官迫害，坚持武装保卫祖国，支持抗战将士，坚决反对议和和投降，但因他们手中无权，未占上风，最终未被有权有势的统治者采纳，甚至给镇压了。但是，他们认识到一个国家必须加强国防建设和军队建设，国富强军，强军强民。因此，秦九韶在系文中提出的尚武和崇俭的纲领，实质上就是强军富国的根本道理，亦是他治国主张的纲领。

第八节　结　　论

以上第三至第十章主要研究和探讨了中世纪数学泰斗秦九韶在《数书九章》中的序、系文和数学题，初步论述了他提出的治国主张的总纲（尚武和崇俭）、施行仁政、关心国计民生（如合理赋税、测准田积、公平徭役、善于理财、耕者有其田、居者有其房、反对剥削等）、重视天文历法、节俭营建（如增加生产、发展经济）、搞好商业贸易、反对贪官和加强国防建设等。

秦九韶的《数书九章》是一部治国的管理数学或者中国早期的经济数学，但从另一个角度来看，实质上是他的治国主张和措施。在一定程度上反映了他投身数学研究的动机。这就是他认为数学不是如同一般的文人墨客所沉溺于琴棋书画的那样的个人修身养性、自得其乐的玩物，数学是可以用来济世报国的、学以致用的有力工具。对中国古代数（科）学家进行研究工作的动机的研究，应当是中国科学史研究的一个重要课题。

本书对秦九韶治国主张或思想的研究，仅是一个开始（包括作者之一的“试论秦九韶系文中的政治纲领”一文，载《自然辩证法通信》2007 年 5 月或见本书附录 1），但还要深入探讨，如秦九韶研究数学的动机是什么？他的治国主张带有儒家思想的问题，尽管本书开篇有一些简要探讨，但还不够。总之，希望有兴趣的读者继续研究，本书仅是抛砖引玉。

当然，从秦九韶的《数书九章》里，也表明了他作为一个传统的知识分子的爱国爱民的情怀，与他在自序和设置的数学题中的数学思想相互辉映，值得称颂。

第十一章　数学成就[①]

淳祐四年十一月，因“丁母忧”秦九韶辞去官职，回湖州（今浙江吴兴）为他母亲守孝。[②]

秦九韶对研究数学问题有着极大的兴趣，在当时战乱和繁忙的公务中，不忘数学研究，他把一部分精力放在收集、研究平常工作中遇到的城建、赋税、农田、水利、天文历法、土木工程、测量、钱谷、军事和市物等方面的资料，并思考怎样用数学知识来解决这些方面的实际问题。

在守孝期间，没有公事的干扰，可以静心地对所积累的资料进行研究和整理，秦九韶决定撰写一部类似于《九章算术》的数学专著。

《九章算术》是中国秦汉数学的高峰，是中国历史上一本最早的优秀数学专著，这本数学专著采用的是问题的结构形式，反映了汉以前的社会经济和科学技术的成绩。全书有 246 道应用题，约 212 条“术”（“术”就是介绍原理、定义和解题步骤），按问题的性质及解法分为九类，每类立为一章，“九章”因此而来。[③]

秦九韶的《数书九章》从形式到内容都是《九章算术》的继承和发展。秦九韶在谋篇构思时吸收了《九章算术》的优点，克服其不足，在结构上《数书九章》与《九章算术》（简称“双九章”）相似，全书也按问题性质分为九类，每类立为一章，故同为九章。

在体例上，《九章算术》每章的问题数目不相同，最多的有 46 个，最少的有 18 个，并且有些问题所讲的知识与章名内容也不太统一。秦九韶编撰《数书

---

① 本章和第十二、十三章的内容，主要根据：徐品方，秦九韶的数书九章（四川安岳县“秦九韶纪念馆编印”2000 年 12 月）中的内容修改而来；极少数内容参考了徐品方、孔国平，中世纪数学泰斗秦九韶中的相关内容。

② 守孝是封建社会的一种习俗，父母死后，孝敬的儿子要为尊宗守孝三年，在守孝期间停止娱乐和交际，以表示哀悼。

③ 通俗内容见：徐品方，白话九章算术，成都：成都时代出版社，2002 年。

九章》时精心选择资料，在大体上做到章名与内容相符，每章 9 个题目，全书九章 81 个应用题，这里的"九"即是九章之"九"，又有吉祥的意义。

在行文表述上，《九章算术》表述不统一，有的问题是一问一术，有的是多问一术，或一问多术，有的术文列在问题之前，有的术文列在问题之后；在术文之前，有的冠以术名，有的则未冠术名。秦九韶的《数书九章》采用的是每问之后有答案，答案之后有术，在术后增加了《九章算术》中没有的"草"（"草"是解题的具体运算步骤或具体推理演算过程的算草）和筹算图式（用竹或木棍表示数码即算筹进行计算），有的题还配上示意的直观图形或平面几何图形（共 31 幅）。这样的编写既规范又直观，增强了《数书九章》的可读性。

秦九韶著书立说虽然是从"数"出发的，但最后目的是"以拟于用"（应用于实践）。

秦九韶的数学应用于实践的思想，成为他认识与研究数学的主导思想。例如，他在该书序文中所说："极而至于大衍、皇极之用。而人事之变无不该，鬼神之情莫能隐矣。"意思说，数学在《大衍历》和《皇极历》的计算运用中，数学的作用发挥到了极点。数学对于人世间的事物变化无不包括，连鬼神之情况也能披露。又在"且系且曰"的系文首段说："数术之传，以实为体。"（数学理论的流传，以实际作为载体）

秦九韶这种"以拟于用"的光辉思想源远流长，反映了中国古代社会生产方式的需要，同时也是中国古代"经世致用"的实用思想的一个组成部分。

这种"经世致用"的实用思想在认识上也可称为"实用理性"，指的是"与生产生活实际保持直接联系的实用理性，不向纵深的抽象、分析、推理的纯思辨方向发展，也不向观察、归纳、实验的纯经验论的方向发展，而是横向铺开，向事物之间相互联系的整体方向开拓"①。这就是说，中国古人的思维与实用的东西的联系比较亲密，"经世致用"的实用思想占主导地位。

秦九韶的《数书九章》印上了时代的烙印。从该书的表述体系来看，实际上对于社会实践是开放的，就是说他的数学理论与社会实践是紧密相关的，书中的 81 个应用题，涉及社会生产、生活实践和国防建设的各个方面，是宋代社会经济生活的一个缩影。

---

① 李泽厚，秦汉思想简议，载：中国社会科学，1984 年第 2 期。

第一节 数学巨著

《数书九章》的主要内容[①]，题名目录是：

第一章，大衍类。共有应用现代称为的一次同余式组来解的应用题9题，即著名的“大衍求一术”。

第一卷，凡四问，题名是：1. 蓍卦发微；2. 古历会积；3. 推计土功；4. 推库额钱。

例如，“推计土功”的题意是：四县合筑堤，每县物力各有差异，按物力出人力，先后完工，用大衍法求全堤长及四县各筑堤长。

第二卷，凡五问，题名是：5. 分粜推原；6. 程行计地；7. 程行相及；8. 积尺寻源；9. 余米推数。

第二章，天时类。有关历法推算、气象中降雨降雪量的测算。

第三卷，凡四问，题名是：10. 推气治历；11. 治历推闰；12. 治历演纪；13. 缀术推星。

例如，“推气治历”题意是：推算嘉泰四年（1204）甲子冬至时刻，并求回归年日数。

第四卷，凡五问，题名是：14. 揆日究微；15. 天池测雨；16. 圆罂测雨；17. 峻积验雪；18. 竹器验雪。

例如，“天池测雨”题意是：已知一盆（上口大，下口小）中接得的雨水深计算本地降雨水深。

第三章，田域类。有关土地面积的计算。

第五卷，凡六问，题名是：19. 尖田求积；20. 三斜求积；21. 斜荡求积；22. 计地容民；23. 蕉田求积；24. 均分梯田。

例如，“尖田求积”题意是：求风筝形状田的面积。

第六卷，凡三问，题名是：25. 漂田推积；26. 环田三积；27. 围田先计。

第四章，测望类。有关勾股、重差及其他测算的问题。

第七卷，凡三问，题名是：28. 望山高远；29. 临台测水；30. 陡岸测水。

例如，“望山高远”题讲测量山高及其距观测者的距离；“陡岸测水”题是

① 原著的每题没有序号，这里是笔者自加上的。

测河宽。

第八卷，凡六问，题名是：31. 表望方城；32. 遥度圆城；33. 望敌圆营；34. 望敌远近；35. 古池推元；36. 表望浮图。

例如，“表望方城”题讲测量城宽及其距离。

第五章，赋役类。田赋及户税的计算问题。

第九卷，凡一问，题名是：37. 复邑修赋。

第十卷，凡八问，题名是：38. 围田租亩；39. 筑埂均功；40. 宽减屯租；41. 户田均宽；42. 均科绵税；43. 户税移割；44. 移运均劳；45. 均定劝分。

例如，“围田租亩”题意是：已知总田亩数，三个不同等级的租率及其比例，求三个不同等级田的亩数及其收税多少？

第六章，钱谷类。征购粮食及囤积问题。

第十一卷，凡三问，题名是：46. 拆解轻赍；47. 算问运费；48. 课籴贵贱。

例如，“算回运费”题讲，在长江水运粮食一段后未达目的地，改为陆地货运，计算不该付给的水运费的问题。

第十二卷，凡六问，题名是：49. 囤积量容；50. 积仓知数；51. 推知籴数；52. 分定纲解；53. 累收库本；54. 米谷粒分。

例如，“囤积量容”题讲，圆囤的容量问题。

第七章，营建类。土木建筑施工的数学问题。

第十三卷，凡四问，题名是：55. 计定城筑；56. 楼橹功料；57. 计造石坝；58. 计浚河渠。

例如，“计定城筑”题讲，筑城墙用材。

第十四卷，凡五问，题名是：59. 计作清台；60. 堂皇程筑；61. 砌砖计积；62. 竹围芦束；63. 积木计余。

第八章，军旅类。兵营阵法布置和军需供应等的计算问题。

第十五卷，凡三问，题名是：64. 计立方营；65. 方变锐阵；66. 计布圆阵。

例如，“方变锐阵”题讲，方阵变等腰三角形阵。

第十六卷，凡六问，题名是：67. 圆营敷布；68. 望知敌众；69. 均敷徭役；70. 先计军程；71. 军器功程；72. 计造军衣。

第九章，市物类。商品交易和利息计算问题。

第十七卷，凡四问，题名是：73. 推求物价；74. 均货推本；75. 互易推本；76. 菽粟互易。

第十八卷，凡五问，题名是：77. 推计互易；78. 炼金计直；79. 推求本息；80. 推求典本；81. 僦直推原。

例如，“推求本息”题意是，已知利率、本金、求利息是多少。

从上各题名目录可知，秦九韶的《数书九章》的题文涉及社会经济、天文、气象、农事、土木、营建、军事和商业，可谓包罗万象。从数学内容来看，数论、算术、代数、几何、数理统计都讲到了。的确，他的题目比以往古算书更加复杂，所设问题，一般综合性很强，如营建类“计定城筑”题的已知条件多达 88 条，赋役类“复邑修赋”题的答案竟有 180 条。解题方法的学术水平都超过了他以前的数学著作。其中的大衍总数术（其核心是大衍求一术即今称的一次同余式组解法）和正负开方术（高次方程数值解法）是两项具有世界意义的杰出贡献，都已成为经典，其他方法也多有创见。这是一部继《九章算术》后形成的又一部具有完整体系和创造性成就的传世佳作，内容丰富，出类拔萃，是中国宋元数学的巅峰之作，代表了世界中世纪数学发展的最高水平，不仅在中国数学史上，而且在世界数学史上也占有很高的地位。

从清代至今，经过许多专家、学者的研究，基本上搞清了秦九韶《数书九章》著作中，有什么重要的数学成就，得到了共识。

第二节 神奇大衍

《数书九章》的主要贡献内容之一是“大衍总数术”，即今称的一次同余式组解法，这是古代历法中的重要算法之一。

同余是初等数论中的一个重要概念。给定一个正整数 m，如果有两个整数 a、b，使 $a-b$ 被 m 整除，就说 a、b 对模 m 同余，记作 $a \equiv b\ (\mathrm{mod}\ m)$。

例如，给定正整数 6，设 $a = 47$，$b = 29$，$47-29 = 18$ 被 6 整除，则 47 和 29 对于模 6 同余，记作 $47 \equiv 29\ (\mathrm{mod} 6)$。

这里先介绍一下古历法中上元积年。什么叫“上元积年”？据郭书春介绍说[①]：我国宋代以前的历法，大都要用一个被称为“上元”的年份作为一个历法的起点，并且规定这一年要满足某些特定的条件，例如，冬至恰好在甲子日（60）的零时，而且日月合塑，与冬至在同一个时刻等。因此，从上元到本年的年数称为上元积年。上元积年 N 满足同余式组

$$aN \equiv R_1 \pmod{60}$$
$$\equiv R_2 \pmod{b}$$

这里 a 为一回归年（从冬至到冬至）的日数，R_1 为从本年冬至前的甲子日（60）零时到冬至时的日数；b 为一塑望月（从平塑到平塑）的日数；R_2 为从 11 月平塑到冬至时的数。

又有学者研究认为[②]，至迟在西汉末年，修订历法的天文学家开始用一般的方法进行推算上元积年。所以，一个历法有了上元积年以后，任何一年的冬至节气的日名、时刻以及任何一个月的平塑的日名、时刻都容易通过计算安排出来。秦九韶认为，各个时期的天文学家虽然都掌握了上元积年的推算方法，但都没有形成一般的数学方法。

因此，秦九韶在序中指出：“独大衍法不载《九章》，未有能推之者。历家演法颇用之，以为方程者，误也。”这就是说，大衍术长期在历法中应用，没有载入《九章算术》，也没有作为数学的一个分支。历家虽用，却不知道。历家还误以为是方程术（线性方程组解法），而不知道它是有别于方程术的同余式解法。

秦九韶把上元积年的算法与《孙子算经》（约成书于公元 4 世纪）中的“物不知数”题的解法结合起来，加以数学上的概括、提高，创造了“大衍求一术”，即为系统的一次同余式组解法。

《孙子算经》卷下第 26 题，即为著名的“物不知数”。原文是“今有物，不知其数。三、三数之，剩二；五、五数之，剩三；七、七数之，剩二。问物几何？答曰：二十三。”（译文：有一堆物品，不知道有多少，每次取 3 个，剩余 2 个；每次取 5 个，剩余 3 个；每次取 7 个，剩余 2 个。问这堆物品有多少？答：最少 23 个）。若用当今简练的数学语言，可叙述为：有一数，3 除余 2，5 除余 3，7 除余 2，问数几何？答：最少 23。

① 引自：郭书春，秦九韶——将数学进之于道，西安：陕西人民教育出版社，1995 年。
② 引自：郭书春，秦九韶——将数学进之于道，西安：陕西人民教育出版社，1995 年。

《孙子算经》书上给出了解法，现将原解法（术文）与今译文对照如下：

原术文	**今译**
术曰：三三数之剩二，	解法：要满足 3 除余 2，
置一百四十；	记 140（原文用筹记）；
五五数之剩三，	要满足 5 除余 3，
置六十三；	记 63；
七七数之剩二，	要满足 7 除余 2，
置三十；	记 30；
并之；得二百三十三；	相加得，140 ＋ 63 ＋ 30 ＝ 233；
以二百一十减之，即得。	233–210 ＝ 23。
凡三三数之剩一，	一般地，满足 3 除余 1，
则置七十；	则记 70；
五五数之剩一，	满足 5 除余 1，
则置二十一；	则记 21；
七七数之剩一，	满足 7 除余 1，
则置一十五；	则记 15；
一百六以上，	若和大于 106，
以一百五减之，即得。	则减去 105（3×5×7）即得。

秦九韶学习、研究《孙子算经》“物不知数”问题，认为它的解法分为两部分，第一部分是特殊问题的具体解法，用今天的符号表示，设 N 为所求的最小正整数，则第一部分的解法式子为

$$N = 140 + 63 + 30 - 210 = 23$$

由于 $140 = 70\times2$，$63 = 21\times3$，$30 = 15\times2$，

$$210 = 2\times105 = 2\times(3\times5\times7)$$

于是第一部分解法公式可用下式表示

$$N = 70\times2 + 21\times3 + 15\times2 - 105\times2 \quad （公式 1）$$
$$= 70\times2 + 21\times3 + 15\times2 - (3\times5\times7)\times2 = 23$$

显然，这个公式仅限于用 3、5、7 三个数去除才可用它，与余数 2、3、2 无关。

第二部分术文（“凡”字后）表达一般解法，用今天符号表示，设 N 为所求的数，用 3、5、7 除所剩（得）的余数分别记为 r_1、r_2、r_3，p 为正整数，则得

一般计算公式即第二个解法公式是

$$N = 70r_1 + 21r_2 + 15r_3 - 105p \qquad (公式 2)$$

显然，解法公式（2）也仅限于用 3、5、7 三个数去除时，才能套用，至于余数即 $r_1 = r_2 = r_3 = 1$ 时（此时 N 和 p 均等于 1），或余数是其他正整数时成立。

我国在公元 1 世纪以前就发现了不定方程（即未知数个数多于方程的个数的方程）及其解法，如《九章算术》中有不定方程问题。《孙子算经》“物不知数”问题也是不定方程组，若用今符号表示该问题，设 N 为所求物的最小正整数，a, b, c 分别表示为 3、5、7 除所得的商，则“物不知数”问题可表示为不定方程组

$$\begin{cases} N = 3a + 2 \\ N = 5b + 3 \\ N = 7c + 2 \end{cases}$$

“物不知数”题用同余概念表示，就是满足同余式组

$$\begin{cases} N \equiv 2 \pmod 3 \\ N \equiv 3 \pmod 5 \\ N \equiv 2 \pmod 7 \end{cases}$$

的最小正整数 N（余数不为 1）。这个同余式组也可以连写为

$$N \equiv 2 \pmod 3 \equiv 3 \pmod 5 \equiv 2 \pmod 7$$

《孙子算经》中的“物不知数”题的解法公式 1 中，这四个数 70，21，15 和 105 是怎样来的，书中没有说明。实际上，经分析发现，其依据是这样的：140=70×2，63=21×3，30=15×2，其中 2、3、2 恰为三个余数，于是出现了 70、21、15，而 105 就是三个除数 3、5、7 的乘积，即 105=3×5×7。

关于公式 2 的来源问题是这样的：

用 3 除余 1 且为 5 和 7 的公倍数的数是 70，换句话说，且 5 和 7 都能除尽的数是 70，即

$$70 = 2 \times \frac{3 \times 5 \times 7}{3} = 2 \times 5 \times 7 \equiv 1 \pmod 3$$

用 5 除余 1 且为 3 和 7 的公倍数的数是 21，换句话说，且 3 和 7 都能除尽的数是 21，即

$$21 = 1 \times \frac{3 \times 5 \times 7}{3} = 1 \times 3 \times 7 \equiv 1 \pmod 5$$

用 7 除余 1，同时 3 和 5 的公倍数的数是 15，换句话说，且 3 和 5 都能除

尽的数是 15，即

$$15 = 1\times \frac{3\times 5\times 7}{3} = 1\times 3\times 5 \equiv 1\ (\mathrm{mod}\,7)$$

这里的余数变为 1。

于是得到《孙子算经》“物不知数”题的第二部分解法前面的公式 2：

$$N = 70r_1 + 21r_2 + 15r_3 - 105p \quad (p\ \text{为正整数})$$

相当于解下列同余式组

$$\begin{cases} N \equiv r_1 (\mathrm{mod}\, 3) \\ N \equiv r_2 (\mathrm{mod}\, 5) \\ N \equiv r_3 (\mathrm{mod}\, 7) \end{cases}$$

或写成如下形式

$$N \equiv r_1 (\mathrm{mod}\, 3) \equiv r_2 (\mathrm{mod}\, 5) \equiv r_3 (\mathrm{mod}\, 7)$$

上面就是“不定方程组”和“同余式组”两种形异质同的“孙子问题”，又称为“孙子定理”的现代表达形式。

下面回过头来介绍秦九韶是怎样创立“大衍求一术”的内容以及他的贡献各是什么。

秦九韶将《孙子算经》中的“物不知数”问题，即“孙子定理”推广到模数两两并非互素，得到了把模数化为互素的方法，即发现了“大衍求一术”。他是怎样解决的，用今天的公式、符号简述如下：

首先把“物不知数”问题改变一下形式，将除得的余数 2、3、2 分别用 r_1，r_2，r_3 表示；除数 3、5、7 分别用 p_1，p_2，p_3 表示，就有

$$\begin{cases} N \equiv r_1 (\mathrm{mod}\, p_1) \\ N \equiv r_2 (\mathrm{mod}\, p_2) \\ N \equiv r_3 (\mathrm{mod}\, p_3) \end{cases}$$

若用不定方程组可表示为

$$\begin{cases} N = p_1 a + r_1 \\ N = p_2 b + r_2 \\ N = p_3 c + r_3 \end{cases}$$

解法公式也随之变成

$$N = 70r_1 + 21r_2 + 15r_3 - 105p \quad (p\ \text{为正整数})$$

这里 105 ＝ 3×5×7，就是三个除数 3、5、7 的乘积，设 M ＝ 3×5×7，那么 70 就相当于$2\times\frac{M}{p_1}$，21 相当于$1\times\frac{M}{p_2}$，15 相当于$1\times\frac{M}{p_3}$。再设乘率 $k_1=2$，$k_2=1$，$k_3=1$，那么

$$2\times\frac{M}{p_1}\text{相当于}k_1\frac{M}{p_1},\ 1\times\frac{M}{p_2}\text{相当于}k_2\frac{M}{p_2},\ 1\times\frac{M}{p_3}\text{相当于}k_3\frac{M}{p_3}。$$

再把这个问题推广到更一般性的情况，设 p_1, p_2, p_3，…，p_n 为 n 个余数，$M=p_1\,p_2\cdots\cdots p_n$，就有下面的同余式组

$$\begin{cases} N\equiv r_1(\mathrm{mod}\ p_1)\\ N\equiv r_2(\mathrm{mod}\ p_2)\\ \cdots\cdots\\ N\equiv r_n(\mathrm{mod}\ p_n)\end{cases}$$

解法公式可用下式表示

$$N=k_1\times\frac{M}{p_1}r_1+k_2\times\frac{M}{p_2}r_2+\cdots+k_n\times\frac{M}{p_n}r_n-pm \qquad （公式 3）$$

或者写成

$$N\equiv\sum_{i=1}^{M}k_i\times\frac{M}{p_i}r_i\ \ (\mathrm{mod}\ m) \qquad （公式 4）$$

适当选择 p，即可使 N 成为满足条件的最小正整数。

这里，秦九韶给出了一系列术语，如他把 p_i（i=1，2，…，n）叫做定数，M 叫做衍母，$\frac{M}{p_i}$（i=1，2，…，n）叫做衍数。若诸衍数大于定数，定数减衍数的差分别叫做奇数，r_i（i=1，2，…，n）叫做余数，K_i（i=1，2，…，n）叫乘率，$k_i\frac{M}{p_i}r_i$（i=1，2，…，n）分别叫甲，乙，丙……的各总数，公式 3 叫总数。

问题的关键和精髓在于使乘率 K_i（i=1,2,…,n）分别满足同余式 $k_1\frac{M}{p_1}\equiv 1$（mod p_1），$k_2\frac{M}{p_2}\equiv 1$（mod p_2）… $k_n\frac{M}{p_n}\equiv 1$（mod p_n）。

假如 p_i（i=1，2，…，n）不是两两互素，秦九韶知道如何将他们化为互素。

秦九韶的主要贡献就是解决了乘率 K_i（i=1,2,…,n）的具体求法。他的求法是：

先由$\frac{M}{p_i}$逐次减去 p_i（i=1，2，…，n），直到余数 $G<p_i$ 为止，这时的 G 当然也满足 $G=\frac{M}{p_i}(\mathrm{mod}\ p_i)$。然后，他用辗转相除法（即欧几里得辗转相除法）求出乘率 K_i（i=1，2，…，n）。

设辗转相除历次商为 q_i（i=1，2，…，n），余数为 r_1（i=1，2，…，n）。并把秦九韶筹图左行上下历次算得的各数设为 a_i（i=1，2，…，n），则具体求 K_i（i=1，2，…，n）的步骤，用现代算式记成如下左右两列

$$\begin{aligned} p_i &= Gq_1 + r_1, & a_1 &= q_1, \\ G &= r_1q_2 + r_2, & a_2 &= q_2a_1 + 1, \\ r_1 &= r_2q_3 + r_3, & a_3 &= q_3a_2 + a_1, \\ r_2 &= r_3q_4 + r_4, & a_4 &= q_4a_3 + a_2, \\ &\cdots\cdots & &\cdots\cdots \\ r_{n-2} &= r_{n-1}q_n + r_n & a_n &= q_na_{n-1} + a_{n-2} \end{aligned}$$

最后，出现余数 r_n=1 时，就不再往下计算了，这时得到的 a_n 就是乘率 K_n。

以上便是著名的“大衍求一术”，“求一”就是求得余数 r_n=1 的意思。浅显地说，“大衍求一术”就是“一个数的多少倍除以另一个数，所得余数为 1”的方法，该法实际是一种辗转相除法。“大衍求一术”是“大衍术”的核心，适用于模数两两互素的同余式组。对于模数非两两互素的同余式组，秦九韶创立了一套机械的将其化为两两互素的方法，因过于复杂，此略。

一般地，秦九韶把同余式

$$ax \equiv 1\ (\mathrm{mod}\ b),\ (a<b,\ a、b \text{ 互质})$$

的解法称为“大衍求一术”，即从 $ax \equiv 1\ (\mathrm{mod}\ b)$ 中求 x。

应该注意的是，在上面用“大衍求一术”求 a_n 时，n 必须是偶数。若 r_{n-1} 已经等于 1，则仍以 r_{n-1} 除 r_{n-2}，余商 $a_n=r_{n-2}-1$，即可使 $r_n = 1$。

下面以《数书九章》大衍类第三题“推计土功”题为例（原题文略），说明秦九韶是如何用辗转相除法求 $k_i \cdot 3800 \equiv (\mathrm{mod}\ 27)$ 中的 K_i，这里 3800 为题中的甲县衍数，27 为定数。现用现代方法表示其推求法。

$$3800 = 140 \times 27 + 20$$

$$27 = 1 \times 20 + 7, \qquad a_1 = 1,$$

$$20 = 2 \times 7 + 6, \qquad a_2 = 2 \times a_1 + 1 = 3,$$

$$7 = 1 \times 6 + 1, \qquad a_3 = 1 \times a_2 + a_1 = 4,$$

$$6 = 1 \times 5 + 1 \qquad a_4 = 5 \times a_3 + a_2 = 23$$

注意，尽管余数 r_n 已为 1（n–1 为奇数）时，而此时 n 不为偶数，则再算一次使 n 为偶数，求出 a_{n+1}，此时仍有 r_{n+1}=1，才终止计算。具体地说，上面 7=1×6+1，虽然余数为 1，但是 a_3 的脚标 3 不是偶数，因此再算一次，即 6=1×5+1，此时余数为 1，且 a_4 中的脚标 4 是偶数了，故得 $k_4=a_4=23$。所以 $23 \cdot 3800 \equiv 1$（mod 27）。

下面再用另一种形式求 $k_i \cdot 3800 \equiv 1$（mod 27）中的 k_i，如图 11-1 所示。

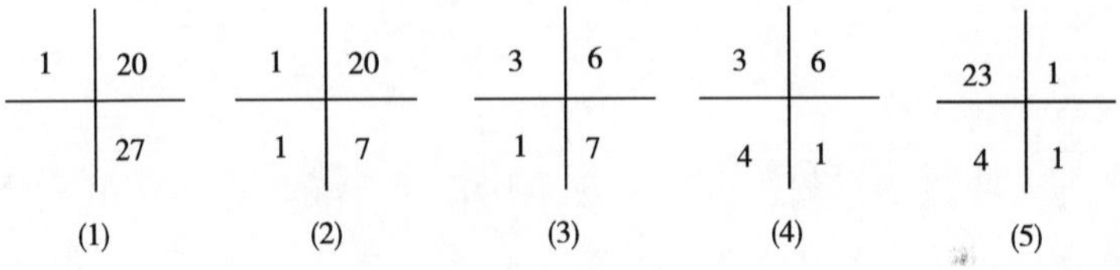

图 11-1

各步如下：

（1）置 G=20 于右上，p_1=27 于右下，1 于左上。

（2）27 除以 20，商 1 余 7，以商 1 乘左上的 1，加入左下，置余数与右下，替下原来的 27。

（3）20 除以 7，商 2 余 6，以商 2 乘左下的 1 加入左上，置余数与右上。

（4）7 除以 6，商 1 余 1，以商 1 乘左上的 3，加入左下，置余数于右下。

（5）6 除以 1，商 5 余 1，以商 5 乘左下的 4，加入左上，置余数于右上，左上的 23 即为所求。

总之，用辗转相除法求 k_i，求得余数为 1 为止，左上的数即为所求。但这个余数 1 必须在右上；若右下首先出现 1，则须再作一步计算。

秦九韶利用大衍求一术，解决了一些实际问题。他在《数书九章》第一章集中了九个大衍类的问题，涉及砌砖、营建、粮食买卖、利息换算、信息传递和历法等。此外，还有用于天文历法的“治历演纪”等问题，从而扩大了大衍术的应用范围。

为了说明秦九韶怎样具体用神奇大衍求一术解答问题，我们在此较详细地列举一个简单的例题来说明，例如：

第一章大衍类“余米推数”，原题说：“问有米铺，诉被盗去米一般三箩，皆适满，不记细数。今左壁箩剩一合，中间箩剩一升四合，右壁箩剩一合。后获贼，系甲乙丙三人，甲称当夜摸得马杓，在左壁箩，满舀入布袋；乙称踢着木履，在中箩舀入袋；丙称摸得漆碗，在右边箩舀入袋。将归食用，日久不知数。索到三器，马杓满容一升九合，木履容一升七合，漆碗容一升二合。欲知所失米数，计贼结断三盗各几何？”

答曰：共失米九石五斗六升三合。

甲米三石一斗九升二合。

乙米三石一斗七升九合。

丙米三石一斗九升二合。

译文：一天夜里，小偷光顾了一家米店。第二天早上，店主发现店堂里的三箩米几乎被偷光了，左边和右边的箩里只剩下了一合米，中间那个箩里还剩下一升四合米。他记不清每个箩里原来装有多少米，只知道它们装的一样多。后来小偷被抓住了。这三个小偷供称：当时店堂里漆黑一团，小偷甲摸到一个马杓，用它从左壁箩舀米装入布袋；小偷乙摸到一只木鞋，用它从中箩舀入布袋；小偷丙摸到一个漆碗，用它从右边箩舀米装入布袋。小偷把米偷回家自己吃了，日久记不清舀了多少次，只记得每一次都正好舀满，而且箩里剩下的米都不够再舀一次了。

店主和断案人员在店里找到了这三件器具，量了一下发现，马杓一次能舀一升九合米，木鞋一次能舀一升七合米，漆碗一次能舀一升二合米，试问米店被偷去了多少米？三个小偷各偷去了多少米？

答：共失米 9563 合。甲盗米 3192 合，乙盗米 3179 合，丙盗米 3192 合。

这个题目就是秦九韶《数书九章》上著名的“余米推数”题。可能是他当县官时遇到的侦破盗米案的一个实例（三个偷米回家自食的人）。他用大衍求一术巧妙地了结了此案。

现在，把这道像侦破审案的故事问题，表述得“数学化”一点，可以简要写成：

“有一个数能被 19 除余 1，被 17 除余 14，被 12 除余 1，求这个数。”

古代 1 石＝ 10 斗，1 斗＝ 10 升，1 升＝ 10 合。这里以“合”为计算单位。

秦九韶和后来人对这道题给出多种了解法。

下面列出三种解法，对照第一、二种解法可再次解释大衍求一术：

【解法一】秦九韶解法

“术曰：以大衍求之。列三器所容，为元数。连环求等，约为定母。以相乘，为衍母，以定各约衍母，得衍数。各满定母，去之，得奇。以奇定，用大衍，求得乘率。以乘衍数，得用数。次以各剩米乘用，併之，为总。满衍母，去之，不满，为每萝米。各以剩米减之，余为甲乙丙盗米，併之为共失米。”

原草如下，草曰：列三器所容，一升九合，一升七合，一升二合，为元数。连环求等，皆得一，不约。便以元数相乘，得三千八百七十六，为衍母。以各元数为定母，以定约衍母，得衍数。甲得二百〇四，乙得二百二十八，丙得三百二十三，各为衍数，列左行。以三定母，甲一十九，乙一十七，丙一十二，列右行（图 11-2）。

各满定母，去衍数，得奇数。甲得一十四，乙得七，丙得一十一（图 11-3）。

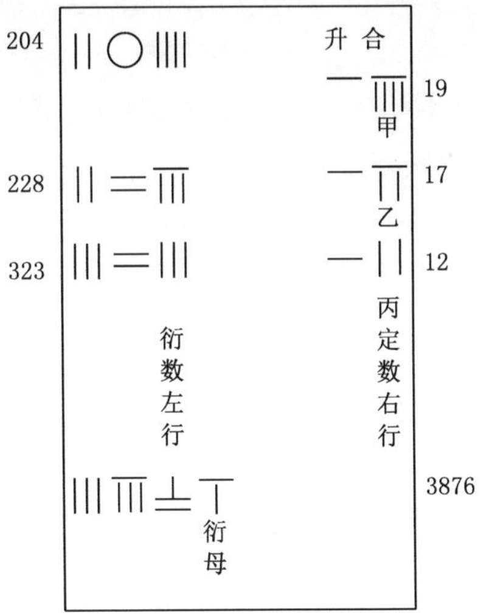

图 11-2

注：筹图中的长方形框内为原著算筹表示的数，
框外是笔者用现代数码译出的。下同

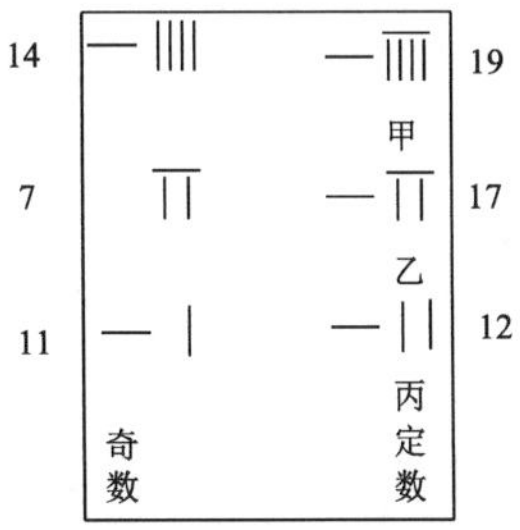

图 11-3

各以奇定，用大衍求一，各得乘率。甲得一十五，乙得五，丙得一十一，各为乘率，列右行。对寄左行衍数（图 11-4）。

以两行对乘之，得用数，甲得三千六十，乙得一千一百四十，丙得三千五百五十三，列右行（图 11-5）。

既得用数，始验问题三箩剩米，列左行，对三人所用，以两行对乘之，甲得三千六十，乙得一万五千九百六十，丙得三千五百五十三。

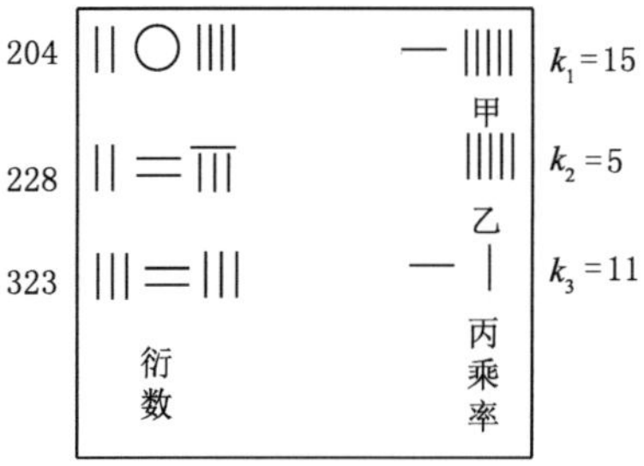

图 11-4

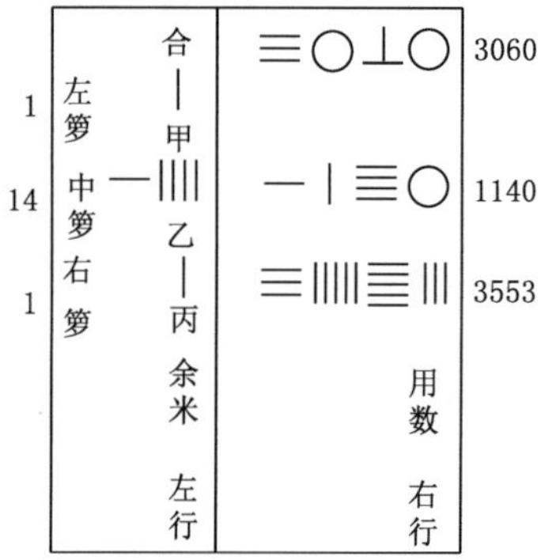

图 11-5

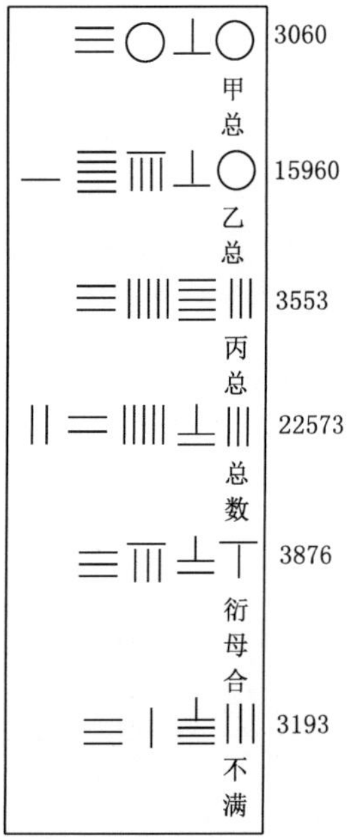

图 11-6

併三数，得二万二千五百七十三，为总数，满衍母三千八百七十六，去之，不满三千一百九十三，合展为三石一斗九升三合，为三箩适满细数。以左箩剩一合减之，余三石一斗九升二合，为甲盗米，又为丙盗米。以中箩剩米一升四合减之，余三石一斗七升九合，为乙盗米。併三人米，共得九石五斗六升三合，为所失米。合问（图 11-6）。

秦九韶古色古香的解法格式和内容，对现代人来说已是老古董了，但它蕴含了现代一次同余式组解，请对照下面解法二可知。

【解法二】 现代一次同余式组解法

设每箩筐米数为 N 合，由题意这是求一次同余式组

$$\begin{cases} N \equiv 1 \pmod{19} \\ N \equiv 14 \pmod{17} \\ N \equiv 1 \pmod{12} \end{cases}$$

的正整数解 N 的问题。按秦九韶大衍求一术所用的一系列术语，由于 p_1=19，p_2=17，p_3=12 互素，都为定数，衍母 M = 19×17×12 = 3876，衍数 $\frac{M}{p_i}$ 依次为 17×12 = 204，19×12 = 228，19×17 = 323（如前面筹图 11-2）。问题的关键和精髓是求出分别满足同余式

$$\begin{cases} k_1 \times 204 \equiv 1 \pmod{19} \\ k_2 \times 228 \equiv 1 \pmod{17} \\ k_3 \times 323 \equiv 1 \pmod{12} \end{cases}$$

的乘率 k_1, k_2, k_3。由于诸衍数分别大于定数，便用衍数减去定数，分别得奇数 14，7，11（如筹图 11-3，此处 19，17，12 又叫定母）。问题变成求分别满足同余式组

$$\begin{cases} K_1 \times 14 \equiv 1 \pmod{19} \\ K_2 \times 7 \equiv 1 \pmod{17} \\ K_3 \times 11 \equiv 1 \pmod{12} \end{cases}$$

的 K_1，K_2，K_3。根据大衍求一术，求 K_1，K_2，K_3 的程序，即用辗转相除法来除，具体求法步骤是

$$19 = 14\times1 + 5,\quad a_1 = q_1 = 1$$

$$14 = 5\times2 + 4,\quad a_2 = q_2a_1 + 1 = 2\times1 + 1 = 3$$

$$5 = 4\times1 + 1,\quad a_3 = q_3a_2 + a_1 = 1\times3 + 1 = 4$$

$$4 = 1\times3 + 1,\quad a_4 = q_4a_3 + a_2 = 3\times4 + 3 = 15$$

故 k_1=a_4=15（注，上面 5 = 4×1 + 1 已出现余数 1，但因 a_3 的脚标 3 为奇数而不是偶数，故应再算一步得 a_4）。求 k_2 的具体步骤是

$$17 = 7\times2 + 3,\quad a_1 = q_1 = 2$$

$$7 = 3\times2 + 1,\quad a_2 = q_2a_1 + 1 = 2\times2 + 1 = 5$$

故 k_2=a_2=5。求 k_3 步骤是

$$12 = 11\times1 + 1,\quad a_1 = q_1 = 1$$

$$11 = 1\times10 + 1,\quad a_2 = q_2a_1 + 1 = 10\times1 + 1 = 11$$

故 $k_3=a_2=11$（以上乘率见筹图 11-4）。

从题设知，定数 $p_1=19$，$p_2=17$，$p_3=12$，衍母 $M=19\times17\times12=3876$，衍数分别为：

$\frac{M}{p_1}=17\times12=204$，$\frac{M}{p_2}=19\times12=228$，

$\frac{M}{p_3}=19\times17=323$。余数 $r_1=1$，$r_2=14$，$r_3=1$，代入公式 3

$$\begin{aligned}N&=k_1\frac{M}{p_1}r_1+k_2\frac{M}{p_2}r_2+k_3\frac{M}{p_3}r_3-pM\\&=1\times15\times204+14\times5\times228+1\times11\times323-P\times3876\\&=3060+15960+3553-P\times3876\\&=22573-5\times3876\\&=3193\text{（合）}\end{aligned}$$

这里 $p=5$，如筹图 11-6。

或代入前面公式 4，即

$$N\equiv\sum_{i=1}^{n}k_i\frac{M}{p_i}r_i\pmod M$$

则

$$\begin{aligned}N&\equiv(1\times15+204+14\times5\times228+1\times11\times323)\pmod{3876}\\&\equiv22573\pmod{3876}=3193\text{（合）}\end{aligned}$$

所以，每箩里原有米数的最小正整数 N 为 3193 合，甲、丙各盗走米 $3193-1=3192$（合），乙盗走米 $3193-14=3179$（合）。

米店共被盗走米 $3192+3179+3192=9563$（合）。

【解法三】 现代不定方程组解

设原来每箩最少有米为 N（N 为正整数），a，b，c 分别为 19 除，17 除，12 除所得的商，其余数分别为 1，14，1，根据题意有不定方程组

$$\begin{cases}N=19a+1 & (1)\\N=17b+14 & (2)\\N=12c+1 & (3)\end{cases}$$

先消去 N，得

$$17b - 19a = -13 \text{（4）}$$

$$17b - 12c = -13 \text{（5）}$$

消去 b，得

$$12c - 19a = 0 \text{（6）}$$

解关于 a，c 的二元一次不定方程，即用 a，c 中系数最小的 12 除方程（6）的两边，得

$$c = \frac{19}{12} a$$

把 a 项系数 $\frac{19}{12}$ 加以分离为整数部分和分数部分，即

$$c = a + \frac{7}{12} a$$

因 c 为正整数，a 一定是 12 的倍数，令 $a = 12k_1$（k_1 为整数）（7）

得

$$c = 19k_1 \text{（8）}$$

将（7）、（8）式代入（5）式整理得

$$17b - 228k_1 = -13$$

所以

$$b = 13k_1 + \frac{7k_1 - 13}{17}$$

同理，b 为正整数，$7k_1 - 13$ 为 17 的倍数，令 $7k_1 - 13 = 17k_2$（k_2 为整数）

故得

$$b = 13k_1 + k_2 \text{（9）}$$

$$k_1 = \frac{17k_2 + 13}{7} = 2k_2 + 1 + \frac{3k_2 + 6}{7}$$

同理，令 $3k_2 + 6 = 7k_3$（k_3 为整数），得

$$k_1 = 2k_2 + k_3 + 1 \text{（10）}$$

$$k_2 = \frac{7k_3 - 6}{3} = 2k_3 - 2 + \frac{k_3}{3}$$

又令

$$k_3 = 3k_4 \text{（11）}$$

得

$$k_2=7k_4-2\text{（12）}$$

将（11）、（12）代入（10）得

$$k_1=17k_4-3\text{（13）}$$

再将（12）、（13）代入（9）得

$$b=228k_4-41$$

当 $K_4=1$ 时，$b=187$；再将 b 代入（4）、（5），分别得：

$$a=168，c=266$$

将 $a=168$ 代入（1），得

$$N=3193\text{（合）}$$

这就是每箩原有米最少为3193合。由此得甲、丙被盗米3192合，乙被盗米3179合。

米店共失米9563合。

另外，还可以根据现代集合求解，此处略。

从上述三种解法看出，秦九韶在760多年前创造的大衍求一术（解法一），开创了系统的一次同余式组解法（解法二）的先河，在中世纪，它不仅代表了秦九韶数学思想的最高水平，而且代表了中国数学的最高成就，即在当时的世界领域中也是处于最先进的水平。

综上所述，秦九韶的大衍术即一次同余式组解法包括两部分内容：一是大衍总数术，即把非两两互素的模数化为两两互素的方法；二是以大衍求一术为核心的模数两两互素的同余式组解法①。

“物不知数”问题后来传到欧洲，被意大利数学家斐波那契（L.Fibonacci，约1170—1250）的《算经》，又译作《算盘书》（1202）引用，直到18世纪才由大数学家欧拉（L.Euler，1707—1783）、高斯（C.F.Gauss，1777—1855）等人对一次同余问题进行研究。

1852年，英国数学家、传教士伟列亚力（A.Wylie，1815—1887）再次传入欧洲。1874年，德国数学家马蒂生（L.Matthiessen，1830—1906）指出秦九韶的“大衍求一术”即一次同余式组解法与高斯定理（高斯研究成果之一）一致，才引起西方数学家的注意和好评。如德国著名数学史家康托尔（M.B.Cantor，

① 孔国平，中国数学思想史，南京：南京大学出版社，2015年，第223页。

1829—1920）高度评价并赞扬发现这一算法的中国数学家是“最幸运的天才”。欧洲称它为“中国剩余定理”。

当然，从本质上说，“孙子定理”是“高斯定理”的特例或是雏形，但是，秦九韶推广了“孙子定理”，创立了大衍术，他的思想是超前的，这项成果也是名列世界前列的一项伟大贡献。

第三节 正负开方

秦九韶继“大衍求一术”后，又创造性地发现了另一项重要的数学成就，即闻名于世的“正负开方术”，亦即高次方程的数值解法，或求高次方程正根的完备程序，如今一些计算数学教科书叫做“秦九韶程序”。

中国古代代数中心问题是方程论，对于解方程，不管解二次方程，还是求一般的一元高次方程（次数不小于 2）的根，都称为“开方术”。其所以如此称呼，主要是因为这些解法和开平方、开立方等方法都是一脉相承的。例如，古代一般的二次方程（用今式表为 $x^2+ax=b$）和一般的三次方程（$x^3+ax^2+bx=c$）的数值解法，分别称为“带从开平方”和“带从开立方”，它们都是从算筹开平方、开立方的方法中推演出来的。

方程和解方程是我国古代数学中最为发达的一个分支，取得了杰出的成就。下面对我国开方术的发展进行简单梳理。

我国古代著名的天文学著作《周髀算经》中记有一般的勾股定理：“勾、股各自乘，并而开方除之，得邪至日（即弦）。”用现代数学符号表示，相当于 $c=\sqrt{a^2+b^2}$，其中 a、b 为直角三角形的直角边，即勾和股；c 为弦，即斜边。这大概是我国最早出现的开方问题的文字记载，可惜书中的问题解法不多。而在公元前 1 世纪成书的《九章算术》，秦九韶看到书中多位数开平方、开立方的程序，并且有求二次三项方程的正根，如求解 $x^2=A$ 和 $x^3=B$ 的一般数值的解法，书中还记载了筹算开平方和开立方的方法。但是，书中二次项或三次项的系数都是 1 或正数。

南北朝时期，以计算圆周率而闻名的数学大师祖冲之（公元 429—500）对这类问题进行了深入研究，后来获得求带负系数的二次、三次方程的正根，可惜方法失传了。

唐初我国著名数学家王孝通在他的著作《辑古算经》（约 7 世纪）中引入了系数为正的三次与四次方程，主要用来解体积问题和勾股定理。这是我国用代数方法解决几何问题最珍贵的记录，涉及的三次方程大都能够化为 $x^3+ax^2+bx=c$（$a \geqslant 0$，$b \geqslant 0$，$c > 0$）的形式，四次方程都用两次开平方求其正根。但是，王孝通所编的高次方程题目复杂，解题步骤也很多，而且没有详细的一般解法步骤。

北宋贾宪著《黄帝九章算经细草》（约 1023—1050），这本著作里有两点突出的成就：第一，建立了求高次方正根的方程法“增乘开方法”；第二，创造性地发现了后人称的“贾宪三角形”的二项式系数表（西方称为“帕斯卡三角”，其实帕斯卡（B. Pascal, 1623—1662）比贾宪晚 500 多年，我国现代中学课本与许多数学科普读物曾将其误称为“杨辉三角”，实则“贾宪三角”）。

用现代形式表示“贾宪三角”，相当于二项式 $(a+b)^n$，当 $n = 0$，1，…，6 时，其展开后各项的系数如图 11-7 所示。借助这个系数表，可以得到二项式任意正整次幂的展开式的各项系数。

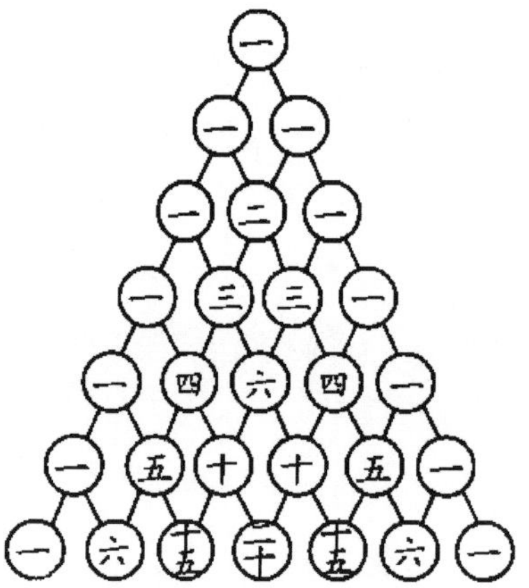

图 11-7 “贾宪三角”

贾宪发明的“增乘开方法”，又叫“递增开方法”。用这种方法进行开方时，每议得一位商数，就要乘一次加一次。

贾宪的“增乘开方法”，比以往的方法简捷得多，很有创造性，虽然他只处理了开平方和开立方的情况，但是他的方法可以用于开三次以上的任意次方。

12 世纪，北宋数学家刘益著《议古根源》一书，在方程论方面又有新的贡献，打破了首项系数是 1，而且各项系数全为正的限制。在解方程的方法方面，刘益不用贾宪的“增乘开方法”，他采取了另外两种方法：一种是“益积术”（即益积开方术）；另一种是“减从术”（即减从开方术），统称为刘益的正负开方术。但是，刘益的解法还不够完整和系统。

秦九韶在《九章算术》开方术，贾宪与刘益等前人的方法基础上，以贾宪的增乘开方法为主体，以刘益方程系数不受限制为主导，继承和发展了他们的方法，博采众家之长，经过苦心研究，终于创作出了解任意高次方程的“正负开方术”。“正负开方术”所解的方程的系数可正可负，也可为分数，也可为小数，即在有理数范围内没有任何限制，因而他把高次方程的数值解法发展到了一个十分完备的程度，系统地解决了求解任意次方程（系数为有理数）的有理根或无理根，比西方同类解法早近600年。

我国古代，方程来源于实际，常数项一般是正数，并且都记在方程的右边。秦九韶打破这个限制，规定“实”（即常数项）可以为负，这相当于求解

$a_0x^n+a_1x^{n-1}+a_2x^{n-2}+\cdots+a_{n-1}x-a_n=0$ 的正根，其中 $a_0\neq 0$，常数项 $a_n>0$，他还用图形表示其高次方程，如图11-8所示。

a	商
a_n	实
a_{n-1}	方
a_{n-2}	上廉
a_{n-3}	二廉
·	
·	各廉
·	
a_1	下廉
a_0	隅

图 11-8

图11-8中的字母他是用算筹表示的，如图中 a_0 是最高次项系数，古代称为“隅”；一次项系数 a_{n-1}，称为“方”，常数项 a_n 称为“实”，其余各项系数称为“廉”，按次数由低到高的顺序依次为上廉（二次项系数），二廉，……，下廉。显然，隅、方、廉等名称源于开方术的几何解释。秦九韶的方程表示形式与今不同，参见后面“草曰”筹算图式。

秦九韶在《数书九章》中，利用“正负开方术”解决了20多个问题，共列出26个方程，其中二次方程（包括 $x^2=A$ 型的二项方程在内）20个，三次方程1个，四次方程4个，十次方程1个，例如：

第六章钱谷类“推知籴数”题

$$4.608x^3=72\,000\,000\,000$$

答：$x=25$ 贯文 $=25\,000$ 文。古代只取一个正根，其他两个根未求。

第三章田域类“环田三积”题

$$-x^4+15\,245x^2-6\,262\,506.25=0$$

答：$x=20\dfrac{1\,298\,025}{2\,362\,256}=20.549\,485\,3$（步）。

第四章测望类“望敌圆营”题

$$-x^4+15\,34\,464\,x^2-526\,727\,577\,600=0$$

答：$x=720$。

第四章测望类“遥度圆城”题

$$x^{10}+15x^{8}+72x^{6}-864x^{4}-11\,664\,x^{2}-34\,992=0$$

答：$x=3$。

秦九韶在解这些数字不简单的高次方程时，还附有筹算的图式，用来解释“正负开方术”的每一个具体步骤；有时还用直观图或几何图形来表示，图文并茂、层次分明、步骤清晰、程序完备。

这里还要说明的是，秦九韶得出的近似根，与现代方法算出的根比较，误差很小。例如，“环田三积”题得到的一个正根近似值为20.549 485 3，与准确根 $x=\pm20.554\,804\,79$ 中正根比较，误差为0.026%，误差确实很小。其余两根为 $x=\pm121.747\,689\,9$。

为了说明秦九韶的“正负开方术”方法，我们举出较简单的一例，例如：

第三章田域类“尖田求积”题“翻法三乘方”，“三乘方”即现代的四次方程。

“尖田求积”题原文“问有两尖田一段。其尖长不等，两大斜三十九步，两小斜二十五步，中广三十步。欲知其积几何？答曰：田积八百四十步”。

译文：有两个共底的等腰三角形围成的一段田，其腰不相等，大的等腰三角形的腰为39步，小的等腰三角形的腰为25步，公有的底长为30步，问其尖田的面积是多少？答：田积840平方步。

秦九韶在书上画出了他所谓的“尖田步”的几何图形，如图11-9所示（图中字母为笔者所加——笔者注）。

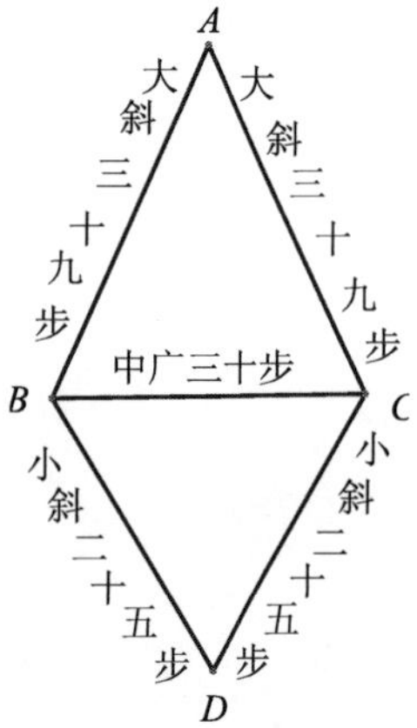

图11-9 尖田步图

秦九韶解此题分为两步：第一步布列方程，他书上叫“术曰”，即由题意推出求田积的方程式。第二步解方程，他书上叫“草曰”，即把“术”用于本题的具体演算步骤。下面分别介绍。

1. 布列方程

术曰：以少广求之，翻法入之。置半广自乘，为半幂。与小斜幂相减，相乘，为小率。以半幂与大斜幂相减，相乘，为大率。以二率相减，余自乘，为实。并二率，倍之，为从上廉，以一为益隅，开翻法三乘方，得积。一位开尽者，不用翻法。

现将第一步布列方程的术文，用现代符号和方法译出。

译文：如图 11-9 所示，设尖田的大斜 $AB=AC=a$，小斜 $BD=CD=b$，中广 $BC=c$，并设大斜与中广所围成的面积△ ABC 为 S_1（秦书称 S_1^2 为“大率”，即以大斜幂与半幂之差与半幂的乘积为“大率”），小斜与中广所围成的面积△ BCD 为 S_2（秦书称 S_2^2 为“小率”，即以小斜幂与半幂之差与半幂的乘积为“小率”）。则由勾股定理得高（勾=$\sqrt{斜边^2-股^2}$）和三角形面积公式（$S_1=\frac{1}{2}\times$ 底 × 高），有

$$S_1=\frac{c}{2}\sqrt{a^2-\left(\frac{c}{2}\right)^2},\quad S_2=\frac{c}{2}\sqrt{b^2-\left(\frac{c}{2}\right)^2}$$

又设尖田面积为 x，则

$$x=S_1+S_2=\frac{c}{2}\left[\sqrt{a^2-\left(\frac{c}{2}\right)^2}+\sqrt{b^2-\left(\frac{c}{2}\right)^2}\right] \qquad （公式 5）$$

两边平方，得

$$x^2=\left(\frac{c}{2}\right)^2\left[\sqrt{a^2-\left(\frac{c}{2}\right)^2}+\sqrt{b^2-\left(\frac{c}{2}\right)^2}\right]^2$$

展开，再平方，代入 a、b、c 的值后，就得到四次方程

$$-x^4+763\,200\,x^2-40\,642\,560\,000=0$$

2．解方程

原草文字呈长，古文字难懂，这里不录不译，仅列出秦九韶求率的开方图，表达他的“草曰”内容。求率开方图是用筹算图式表示，他列出了 21 个筹算图式。为了简要说明精简为 8 个筹算图式，如图 11-10 ～图 11-18（图中算筹从图 11-11 开始改用今数字表示）。

秦九韶的《数书九章》中，许多题都有这种筹算图式，写法上都有一定的规矩或格式程序，以及各种名词术语。本题筹算图式如下。

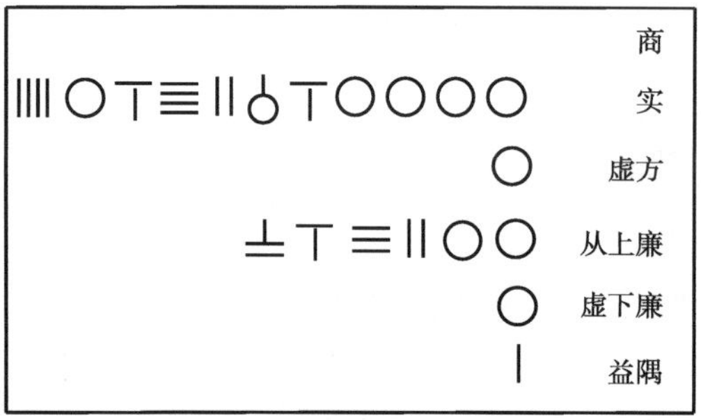

图 11-10

	商
−40642560000	实
0	虚方
763200	从上廉
0	虚下廉
−1	益隅

图 11-11

解题步骤：

（1）依术文布列方程：$-x^4+763\,200\,x^2-40\,642\,560\,000=0$。

古代布列方程的方法不是今天的方程式形式，而是用算筹式子将系数列出来，比如上方程，在算筹式中秦九韶列出如图 11-10 所示，改用今天的数字记号即为图 11-11。秦九韶沿袭古代之名词，自上而下依次称为“商”，指除时的商即方程的根，这题“实”指常数项，秦九韶规定为负数（他是用文字说明，没有其他符号）；若方程系数为零（即缺项），他加上“虚”字表示。故此题“方”指一次项系数，“虚方”就是一次项 x 系数为零；“廉”指各项系数，四次方程只有上、下廉，若系数是正数，他加上一个“从”字表示。此题二次项 x^2 系数为正，称为“从上廉”，三次项系数为“下廉“，因为系数为零故称“虚下廉”；“益隅”指最高次项系数为负，这里指四次项 x^4 的系数。因此，若方程系数是负的，他加上一个“益”字，叫做“益隅”。

（2）将“上廉”向左移 4 位，将“隅”（最高次项系数）向左移 8 位，议得上商首位 8，放在“实”的百位数之上，如图 11-12 所示。这实际上相当于对原方程进行 $x=100x_1$ 的变换。

8	商
−40642560000	实
0	虚方
763200	从上廉
0	虚下廉
−1	益隅

图 11-12

8	商
38205440000	实
9856000000	方
1232000000	上廉
−800000000	下廉
−1	益隅

图 11-13

（3）以商 8 乘“益隅”得 –800 000 000，放在下廉的位置；以商 8 乘“下廉”并（加）入“上廉”，得 1 232 000 000 为“上廉”。以商乘“上廉”，得 9 856 000 000，放在“方”的位置；以商 8 乘“方”，得“正积”78 848 000 000，以原有的“负实”与“正积”相加，得“正实”38 205 440 000，如图 11-13 所示。

（4）以商 8 乘“益隅”，并入“下廉”，得 –1 600 000 000；以商 8 乘“下廉”，与原有的“正上廉”相消得 –11 568 000 000 为“负方”，如图 11-14 所示。

8	商
38205440000	实
− 82688000000	方
− 11568000000	上廉
− 1600000000	下廉
−1	益隅

图 11-14

8	商
38205440000	实
− 82688000000	方
− 30768000000	上廉
−3200000000	下廉
−1	益隅

图 11-15

（5）以商 8 乘“益隅”，并入“下廉”，得 –2 400 000 000；以商 8 乘“下廉”，并入“上廉”，得—30 768 000 000 放入“上廉”，如图 11-15 所示。

（6）以商 8 乘“益隅”，并入“下廉”，得 –3 200 000 000，如图 11-16 所示。

（7）把“方”退（向右移）一位，“上廉”退二位，“下廉”退三位，“隅”退四位，以“负方”除“正实”算得次商 4，放入商的十位数上，如图 11-17 所示。

（8）以次商 4 乘“益隅”并入“下廉”，得 –3 240 000；以次商 4 乘“下廉”，并入“上廉”，得 –3 206 400 000；以次商 4 乘“上廉”，并入“方”得 –9 551 360 000；以次商 4 乘“方”，与“正实”相消，恰恰消尽。因此，得 840 为方程的一个正根，如图 11-18 所示。

8	商
38205440000	实
− 82688000000	方
− 30768000000	上廉
− 3200000000	下廉
−1	益隅

图 11-16

84	商
38205440000	实
− 82688000000	方
− 30768000000	上廉
− 3200000000	下廉
−1	益隅

图 11-17

840	商
	实
− 9551360000	方
− 3206400000	上廉
−3240000	下廉
−1	益隅

图 11-18

从秦九韶的以上运算看出，当求得 $8< x_1 <9$，确定第一位得数为 8 以后，图

11-13 ～图 11-16 相当于求出进行 $x_2 = x_1 - 8$ 变换后，所应得出的新方程，即图 10-16 表示的方程为

$$-10^8 x_2^4 - 3200\times10^6 x_2^3 - 3\,076\,800\times10^4 x_2^2 - 826\,880\,000\times10^2 x_2 + 38\,205\,440\,000 = 0$$

图 11-17 相当于对上式进行 $x_3=10x_2$ 的变换后得出的新方程

$$-10^4 x_3^4 - 3200\times10^3 x_3^3 - 3\,076\,800\times10^4 x_3^2 - 826\,880\,000\times10 x_3 + 38\,205\,440\,000 = 0$$

最后求得

$$x_3=4,$$

因此，

$$x = 100x_1 = 100(8 + x_2) = 100\left(8+\frac{x_3}{10}\right) = 840$$

从图 11-13 ～图 11-18 的各个步骤，基本上都是自上而下“随乘随加”，最后由“实”中减去，有很强的机械性，这是“增乘开方法”的主要特点。秦九韶还指出“后篇效此”，就是说以后解方程的方法仿效此题，表明这是求高次方程正根的一种普通的方法。

经现代人研究，可以不费力地把秦九韶求高次方程数值解法转化为计算机程序，当今已有很好的研究成果了。

关于“尖田求积”题，秦九韶为什么不用几何上的面积公式直接求出 S_1+S_2 呢？这是一种极为简单的方法，如前述推出公式 5，得

$$x = S_1 + S_2 = \frac{c}{2}\left[\sqrt{a^2 - \left(\frac{c}{2}\right)^2} + \sqrt{b^2 - \left(\frac{c}{2}\right)^2}\right]$$

已知 $a = 39$（步），$b = 25$（步），$c = 30$（步）代入公式 5，计算可得：$x=840$（平方步）。

答：尖田面积为 840 平方步，

秦九韶舍简求繁的目的是将几何问题代数化，把它变为四次方程以后，用代数方法解几何题，借此说明用他的“正负开方术”可以求任意高次方程的正根，是解任意高次方程的通法。所以，他才煞费苦心地“舍简取繁”。

秦九韶“列求率开方图”中的八个步骤和八个图，在当时来讲是具有很高水平的，与现代形式的“鲁菲尼”—“霍纳法”或“霍纳法”的解法类似。现代形式解法为

–1	+0	+763 200	+0	–4 064 256 000	800
	–800	–640 000	+98 560 000	+78 848 000 000	
–1	–800	+123 200	+98 560 000	+38 205 440 000	
	–800	–1 280 000	–925 440 000		
–1	–1600	–1 156 800	–826 880 000		
	–800	–1 920 000			
–1	–2400	–3 076 800			
	–800				
–1	–3200				
–1	–3200	–3 076 800	–826 880 000	+38 205 440 000	40
	–40	–129 600	–128 256 000	–38 205 440 000	
–1	–3240	–3 206 400	–955 136 000	+ 0	

所以 $x=840$。

显然，秦九韶的解法与现代解法形异质同。

秦九韶在《数书九章》里设计了许多类型的方程，并取了一些有趣的名字。如把奇次项系数为零的方程叫“开玲珑某乘方”；当高次项系数 $|a_0|\neq 1$ 时，则称之为“开连枝某乘方”等。

如果方程经代换 $x=a+y$ 后所得新方程常数项符号不变，且绝对值增大，就称“投胎”；如果常数项由负变正，则叫“换骨”。当方程的根不是整数时，用“进退开除”法求得小数值，或用“命分”法表成带分数。总之，他尽力使数字高次方程的解法达到炉火纯青的完美境地。

秦九韶以后，世界上许多数学家都在研究改进开方法的问题，英国的伟烈亚力（Alexander Wylie，1815—1887）于 1852 年在《中国科学的记述》中把秦九韶的解法与英国人霍纳创立的霍纳法进行比较，引起了西欧数学界的注意。更早一些时候，阿拉伯数学家阿尔·卡西著《算术之钥》（1427 年）时曾提出同类的方法。日本数学史家三上义夫（ Mikami Yoshio，1875—1950）在 1912 年撰文分析介绍说：秦九韶的方法比辉煌的霍纳法要早 570 余年。后来，我国数学史家李俨（1892—1963）和钱宝琮（1892—1974）也发表了与三上义夫结论相同的、论据确凿的文章，得到前苏联等国数学家的承认。但因当时西方数学界懂日文和中文的不多，所以影响有限。1973 年，比利时李倍始的英文著作《十三世纪的中国数学》在美国出版后，才改变了西方数学界的旧观点，认识到中国的秦九韶是高次方程数值解法的最早创造者。

著名数学史家梁宗巨（1923—1995）教授说："大衍求一术和高次方程的解法，在世界数学史上占有崇高的地位。那时是 13 世纪，西方漫长的黑夜犹未结果，它是像旭日一般在东方发出万丈光芒。"①

美国哈佛大学教授、著名数学史家萨顿评价秦九韶是"他那个民族、他那个时代，甚至所有时代中国最伟大的数学家之一"。

第四节　新 方 程 术

秦九韶看到秦汉时期的《九章算术》中的方程术，这是古代解线性方程组的方法。书中"方程"一词的含义与现代不同，是指用算筹摆出来的数学方阵，实为多元一次方程组的解法问题，所用方法（方程术）是"直除法"。"直除法"即是以方程组中第一个方程的 x 项系数遍乘第二个方程，再连续减去第一个方程相应的各项，以消去 x 的系数。

为了在前人的基础上创造新的方程术，秦九韶选择《九章算术》方程章第一题专门研究"直除法"。该题是："今有上禾三秉，中禾二秉，下禾一秉，实三十九斗；上禾二秉，中禾三秉，下禾一秉，实三十四斗；上禾一秉，中禾二秉，下禾三秉，实二十六斗。问上、中、下禾实一秉各几何？"这里"禾"是庄稼（如稻禾），"秉"是捆，"实"是果实，这里的"实"指上、中、下禾的粮食（如谷子）的总数。

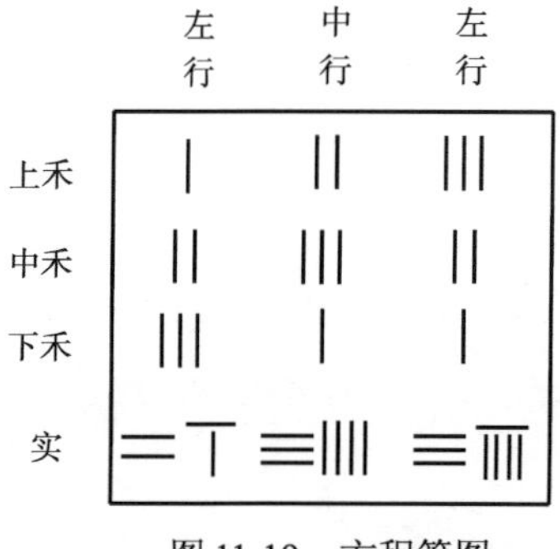

图 11-19　方程筹图

该题意为：今有上、中、下三种等级的稻禾，各捆成把，上等稻禾 3 把，中等稻禾 2 把，下等稻禾 1 把，共有稻谷 39 斗；上等稻禾 2 把，中等稻禾 3 把，下等稻禾 1 把，共有稻谷 34 斗；

① 梁宗巨，世界数学史简编，沈阳：辽宁人民出版社，1981 年，第 418 页。

上等稻禾 1 把，中等稻禾 2 把，下等稻禾 3 把，共有稻谷 26 斗。问上等、中等、下等稻禾每把可有多少稻谷？

本题用算筹摆出各方程系数，得到如图 11-19 的筹图的形式。又设上、中、下禾每秉之实分别为 x、y、z，则古代的算筹方阵可转化为现代形式的线性方程。读者不妨用长短一样的小竹棍摆出类似于古代的筹式，再用初中代数课本上的方法解这个线性方程组进行比较。有比较，才有鉴别。

相应的方程组为

$$\begin{cases} 3x+2y+z=39 & (1) \\ 2x+3y+z=34 & (2) \\ x+2y+3z=26 & (3) \end{cases}$$

《九章算术》中的“直除法”是这样的（用现代符号说明）：

用（1）式 x 的系数 3 遍乘（2）式各项，得

$$6x+9y+3z=102 \qquad (4)$$

从（4）式累减（1）式二次，得

$$5y+z=24 \qquad (5)$$

再用 3 乘（3）式各项，得

$$3x+6y+9z=78 \qquad (6)$$

用（6）式减（1）式一次，得

$$4y+8z=39 \qquad (7)$$

把“直除法”用于（5）式和（7）式组成的方程组，消去 y，得

$$z=2\frac{3}{4}\text{（斗）}$$

然后依次求得：$y=4\dfrac{1}{4}$（斗），$x=9\dfrac{1}{4}$（斗）。

显然，“直除法”比较麻烦。三国时代的大数学家刘徽（约 225—295）曾对这种方法进行改造，提出“互乘对减法”，但对后世影响不大。其后几百年间，大家仍普遍采用《九章算术》的“直除法”。直到北宋贾宪，才将《九章算术》的“直除法”与刘徽的“互乘对减法”，联合使用，但方法尚不完备。

具有开拓、创新精神的秦九韶，在刘徽和贾宪工作的基础上提出新的方程术，

即用有别于《九章算术》的“直除法”和刘徽的“互乘对减法”，取代了传统的“直除法”。秦九韶新的“互乘对减法”相当于今天的“加减消元法”，是今天“加减消元法”之来源，因此是十分重要的。若方程系数有公因数，秦九韶先用公因数约简再“互乘对减”，这样可简化运算。实际上，秦九韶的新方程术与现在解多元一次方程组的方法基本一样，包括互乘相消、代入法、以系数的最大公约数简方程系数等步骤。

另外，《九章算术》的线性方程组解法中，已体现了矩阵思想，但解法还不完善，且未留下矩阵图。秦九韶在此基础上创立了规范的矩阵解法，相当于增广矩阵的初等变换，这是他对方程理论的又一贡献。

下面以秦九韶《数书九章》市物类“均货推本”题为例，说明他的新方程术。

“均货推本”原题：“问有海舶赴务抽毕①，除纳主家货物外，有沉香五千八十八两，胡椒一万四百三十包，包四十斤，象牙二百一十二合，大小为合，斤两俱等②。系甲乙丙丁四人合本博到③。缘昨来凑本，互有假借。甲分到官供称：甲本金二百两，盐四袋，钞一十道；乙本银八百两，盐三袋，钞八十八道；丙本银一千六百七十两，度牒④一十五道；丁本度牒五十二道，金五十八两八铢⑤。已上共佑直四十二万四千贯。甲借乙钞，乙借丙银，丙借丁度牒，丁借甲金。今合拨各借物归元主名下为率，均分上件货物。欲知金、银、袋盐、度牒元价及四人各合得香、椒、牙几何？”

本题大意说：甲、乙、丙、丁四人合股经商南洋，从海外购买沉香、胡椒和象牙三种货物，归航向海关交纳实物商税后，还剩余以下货物：沉香5088两，胡椒10 430包（每包40斤），象牙212合。出海前，四人入股资本是互相借凑的，据官方供称，计有甲：黄金200两，盐 $4\times10=40$ 袋（草曰）；乙：白银800两，盐 $3\times88=264$ 袋（草曰）；丙：白银1670两，度牒15张；丁：度牒52张，黄金 $58\frac{1}{3}$ 两。四人入股资本各值(折钱)424 000贯(平均每人106 000贯)，

① “赵务抽毕”，指到海关交毕实物商税。

② 此句指一大一小的两支象牙为一合，重量相等。

③ “博到”，指因宋朝官府曾规定，海外运来的乳香等货物，不得卖给私人，应按政府规定的价格卖给政府。博到就是“博买到”。

④ “度牒”此指定额支票或汇票，“牒”，原为文书、证件。

⑤ “铢”。重量单位。古代1斤=16两，1两=24铢。

而其中，甲借乙的盐钞，乙借丙的白银，丙借丁的度牒，丁借甲的黄金。

求：(1) 黄金（两）、白银（两）、度牒（张）、盐（袋）各值多少？

(2) 甲、乙、丙、丁四人入股时自有财产折钱多少？

(3) 按入股时自有财产分配盈余物资，各人应得多少？

这里用现代符号表示本题。设黄金每两值 x 贯，盐每袋值 y 贯，白银每两值 z 贯，度牒每张值 w 贯，按题意列得方程组

$$\begin{cases} 200x+40y=106\,000 & (1) \\ 264y+800z=106\,000 & (2) \\ 1670z+15w=106\,000 & (3) \\ 58\dfrac{1}{3}x+52w=106\,000 & (4) \end{cases}$$

依秦九韶“以方程求之”的术文，他的解法分为下列三个步骤：

第一步，先将 (4) 式两边乘以 3，然后对每个方程求系数的最大公约数（他叫“等数”），依次是 40、8、5、1，以此分别约简各方程两边，得

$$\begin{cases} 5x+y=2650 & (5) \\ 33y+100z=13\,250 & (6) \\ 334z+3w=21\,200 & (7) \\ 175x+156w=318\,000 & (8) \end{cases}$$

第二步，互乘对减，先求出一元。

(7) 式 ×156 －(8) 式 ×3，消去未知数 w，得

$$52\,104z-525x=2\,353\,200 \qquad (9)$$

(5) 式 ×105+ (9) 式 ×1，消去 x，得

$$105y+52\,104z=2\,631\,450 \qquad (10)$$

将 (6) 式与 (10) 式联立，(10) 式 ×11－(6) 式 ×35，消去 y，得

$$569\,644z=28\,482\,200$$

所以，解得

$$z=50$$

第三步，代入法求其各个未知数。

将 z 代入 (6) 式，得 y；将 y 代入 (5) 式，得 x；将 x 代入 (8) 式，得 w。

由此得原方程组的解为

$$\begin{cases} x=480 \\ y=250 \\ z=50 \\ w=1500 \end{cases}$$

显然，秦九韶的新方程术与现代的基本一致，其中包括以系数最大公约数去约简方程的系数、加减消元法、代入消元法等。这在当时是一个了不起的成就，在世界也处于领先水平。当然，所不同的是，秦九韶用算筹演算，我们今天用印度-阿拉伯数码，并将秦九韶解法浓缩为简洁的三步。

值得注意的是，《九章算术》有“术”无“草”，而《数书九章》中既有“术”又有“草”，其草完整地保留消元法的步骤。此题“草”中有一系列筹算图，计 15 幅，且各有名称，如第一幅为“首图”，以下依次为“次图”“定率图”“维图”……“终图”等。这是他对我国线性方程组消元法所作贡献的重要实物证据。

秦九韶这些美妙的筹图，每一个相当于一个增广矩阵。为了目睹这种古算文物，现列出他的两个筹图：首图（图 11-20）、次图（图 11-21）。

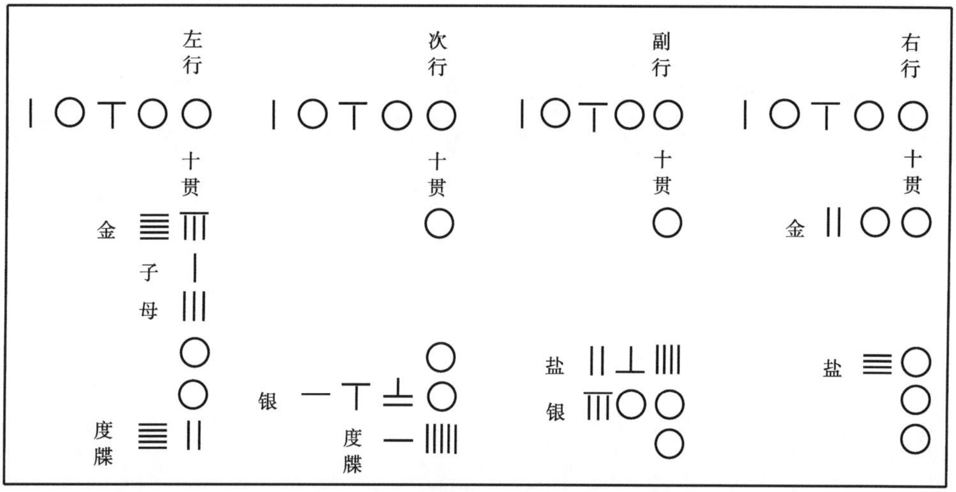

图 11-20　首图

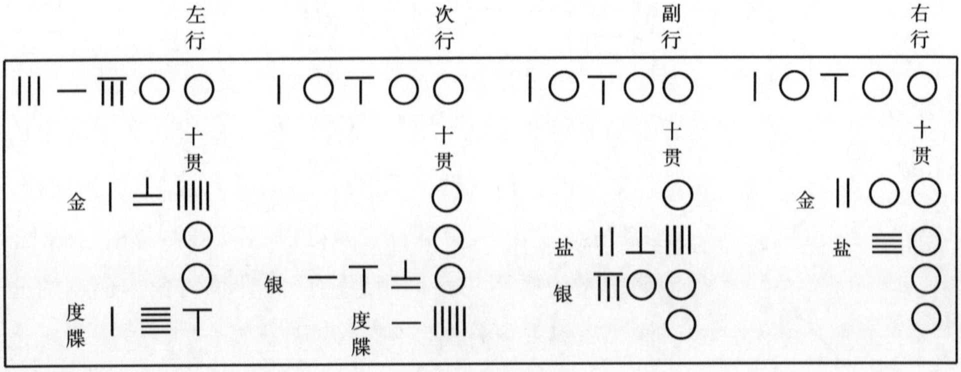

图 11-21 次图

上面两个筹图相当于现代以下两个增广矩阵：

$$
\begin{bmatrix}
0 & 0 & 40 & 200 & 10\,600 \\
0 & 800 & 264 & 0 & 10\,600 \\
15 & 1670 & 0 & 0 & 10\,600 \\
52 & 0 & 0 & 58\frac{1}{3} & 10\,600
\end{bmatrix}
\begin{matrix}
\text{右行} \\ \text{副行} \\ \text{次行} \\ \text{左行}
\end{matrix}
\begin{bmatrix}
0 & 0 & 40 & 200 & 10\,600 \\
0 & 800 & 264 & 0 & 10\,600 \\
15 & 1670 & 0 & 0 & 10\,600 \\
156 & 0 & 0 & 175 & 31\,800
\end{bmatrix}
$$

很明显，第二个矩阵的第四行由第一个矩阵的第四行乘以 3 而得到。秦九韶从“首图”经 14 次初等位置变换等变换（即矩阵初等变换法），最后得“终图”，这时系数矩阵已变换为单位矩阵，相当于

$$
\begin{bmatrix}
1500 & 50 & 250 & 480 \\
0 & 0 & 0 & 1 \\
0 & 0 & 1 & 0 \\
0 & 1 & 0 & 0 \\
1 & 0 & 0 & 0
\end{bmatrix}
$$

从而求出方程组的一组解。全过程井然有序，干脆利落，十分漂亮。长期以来，西方人称这种消元法为“高斯消元法”，认为是德国数学家高斯的首创，其实他比秦九韶要晚五六百年。

第五节　三斜求积

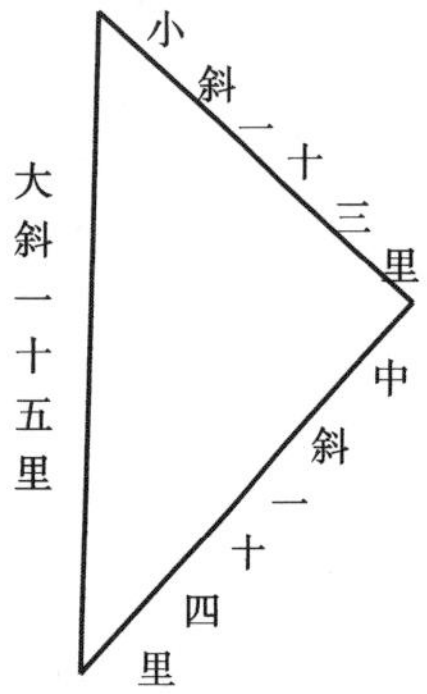

图 11-22　三斜求积图

秦九韶在职时，可能亲身参与了朝廷颁布的“方田均税法”之类的工作（见第五章第二节），准确测算耕地面积，“以地及色参定肥瘠，分等以定积则”。在实践测算的基础上，经他研究发现了用三角形田地的三边计算三角形面积的公式，叫“三斜求积公式”。

秦九韶在《数书九章》第三章田域类“三斜求积”题里，独立地发现了与习惯称为海伦公式等价的“三斜求积公式”。

“三斜求积”原题文：“问沙田一段，有三斜，其小斜一十三里，中斜一十四里，大斜一十五里。里法三百步，欲知为田几何？答曰：田积三百一十五顷。”

译文：有一块三角形的沙田，已知它的三条边分别为 13 里、14 里、15 里（1 里＝ 300 步），问它的面积是多少？答：沙田面积 315 公顷。

秦九韶在书上给出了一个几何图形，如图 11-22 所示。这是一道已知任意三角形的三边，求其面积的问题。

将秦九韶的解法“术”与现代表达式对照如表 11-1 所示（术中的字母是笔者所加 —— 笔者注）。

表11-1

术曰	今译
以小斜幂①（c^2）并②大斜幂（a^2），减中斜幂（b^2），余半之，自乘于上。	设三角形三边分别为a,b,c，面积为S_Δ，则$\left(\frac{c^2+a^2-b^2}{2}\right)^2$。
以小斜幂乘大斜幂，减之，余四约之，为实③。 一为从隅，开方得积（S_Δ）。	$\frac{1}{4}\left[c^2a^2-\left(\frac{c^2+a^2-b^2}{2}\right)^2\right]$ 作为常数项。二次项系数为1，解方程 $S_\Delta{}^2=\frac{1}{4}\left[c^2a^2-\left(\frac{c^2+a^2-b^2}{2}\right)^2\right]$ 得　$S_\Delta=\sqrt{\frac{1}{4}\left[c^2a^2-\left(\frac{c^2+a^2-b^2}{2}\right)^2\right]}$

① “幂”，指面积。

② “并”，指相加。

③ “实”，原著把被除数、被开方数叫做实。

$$\text{末式}\quad S_{\Delta}=\sqrt{\frac{1}{4}\left[c^{2}a^{2}-\left(\frac{c^{2}+a^{2}-b^{2}}{2}\right)^{2}\right]} \qquad \text{（公式 6）}$$

被后人称为“秦九韶三斜求积公式”或“秦九韶公式”。

秦九韶最后将 a=15，b=14，c=13 代入公式 6，即可得 $S_{\triangle}$=84（平方里）。

古代长度单位，步的大小随朝代而不同。例如，周代 1 步＝ 8 尺，秦汉 1 步＝ 6 尺，1 里＝ 300 步。大约隋唐以后改为 1 步＝ 5 尺，1 里＝ 360 步。显然，秦九韶此题沿用《九章算术》中 1 里＝ 300 步（1 步＝ 6 尺），其他题用 1 里＝ 360 步。

由此可知，1 平方里＝ 90 000 平方步，所以，

84×90 000 ＝ 7 560 000（平方步）；又因为

古代 1 亩＝ 240 平方步，

所以

7 560 000÷240 ＝ 31 500（亩）；

又因为 1 顷＝ 100 亩，

所以 31 500÷100 ＝ 315（顷）；

答：沙田面积 315 顷。

秦九韶的三斜求积公式与海伦公式

$$S_{\triangle}=\sqrt{p(p-a)(p-b)(p-c)} \qquad \text{（公式 7）}$$

（这里 $S_{\triangle}$为三角形面积，a、b、c 为三边，p 为三边之和的一半。）等价，这是很容易证明的（见后）。

秦九韶三斜求积公式是怎样求得的呢？《数书九章》中没有记载。因为海伦公式较简捷，不可能由它去推三斜求积公式，而且没有任何迹象表明海伦公式在当时传入中国并被秦九韶知道。当然，如此复杂的公式不可能由“试猜”或“经验”得来，它一定是秦九韶独立得出并经严格证明的。著名数学史家钱宝琮（1892—1974）认为，秦九韶的思维过程可能和他的“斜荡求积”题与“计地容民”题的解法结合。钱宝琮补证如图 11-23 所示。

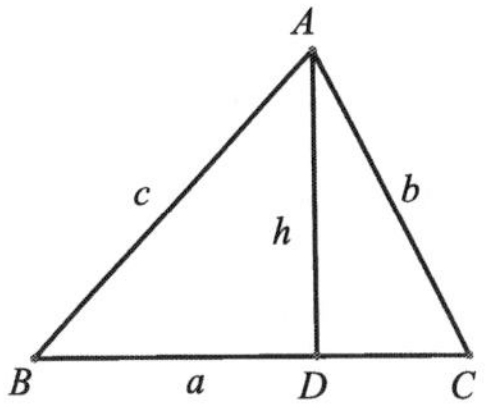

图 11-23

设 h 为△ ABC 底边 BC 上的高，$S_{\triangle}$为三角形面积，则

$$S_{\triangle}=\frac{1}{2}ah$$

$$DC=\sqrt{b^2-h^2}，BD=a-\sqrt{b^2-h^2}$$

所以

$$c^2=BD^2+h^2=\left(a-\sqrt{b^2-h^2}\right)^2+h^2$$

即

$$c^2=a^2+b^2-2a\sqrt{b^2-h^2}$$

则

$$a\sqrt{b^2-h^2}=\frac{1}{2}\left(a^2+b^2-c^2\right)$$

两边平方，得

$$a^2\left(b^2-h^2\right)=\left(\frac{a^2+b^2-c^2}{2}\right)^2$$

可得

$$a^2h^2=a^2b^2-\left(\frac{a^2+b^2-c^2}{2}\right)^2$$

又，$S_{\triangle}=\frac{1}{2}ah$，故

$$S_{\triangle}^2=\frac{1}{4}\left[a^2b^2-\left(\frac{a^2+b^2-c^2}{2}\right)^2\right]$$

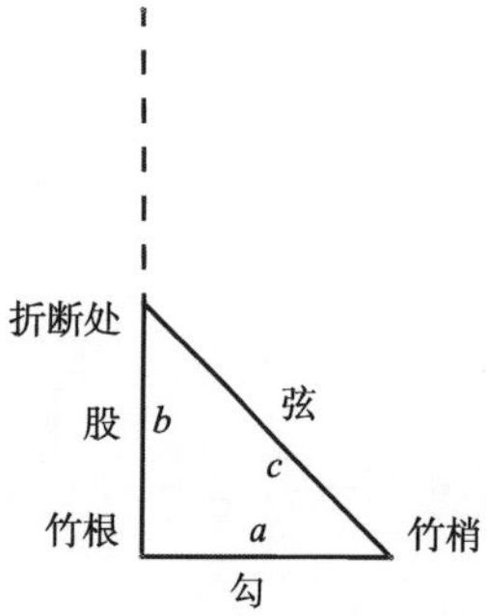

图 11-24　折竹问题图

数学史家、中国科学院士吴文俊（1919—　）则认为秦九韶可能根据古代“出入相补”原理，利用《九章算术》勾股章折竹问题刘徽注中的方法推导出三斜求积公式。下面介绍吴文俊补证的方法[①]。先介绍“刘徽公式”。

据《九章算术》折竹问题：“今有竹高一丈，末折抵地，去本三尺。问折者高几何？”（译文：今有竹一根，

① 见吴文俊，出入相补原理，载《中国古代科技成就》，北京：中国青年出版社，1978 年.

如图 11-24 所示，高 1 丈，腰部折断后它的梢触地，离竹根 3 尺。问折断处离地面多高？）

刘徽注文曰："令高自乘为股弦并幂，去本自乘为矩幂，减之，余为实。倍高为法，则得折之高数也。"如图 11-24 所示，这相当于给出公式①（叫"刘徽公式"）。

术文公式为

$$股（高）=\frac{(股弦和)^2-勾^2}{2\times股弦和}，这里勾^2=弦^2-股^2$$

用今字母表示如下

$$b=\frac{(b+c)^2-a^2}{2(b+c)}$$

吴文俊先生补证如下：

作大斜（a）上的高（h）分大斜为两部分，即勾股形的股（a_2）和弦（a_1），如图 11-25 所示。

由于《九章算术》已给出三角形面积等于底乘高之半，于是问题归结为怎样求高或股。

为了便于理解，设法如图 11-25 所示，即股（高）为 a^2，股弦和为大斜 a，勾^{2}为弦^2– 股^2，即 $a_1^2-a_2^2$，按照刘徽公式，则有

$$a_2=\frac{a^2-(a_1{}^2-a_2{}^2)}{2a}=\frac{a^2-(b^2-c^2)}{2a}$$

而 $h^2=c^2-a_2{}^2=c^2-\left(\frac{a^2-(b^2-c^2)}{2a}\right)^2$。

由此，求出高 h，便可得秦九韶的三斜求积公式，这就是吴文俊恢复秦九韶推出三斜求积公式的思路。

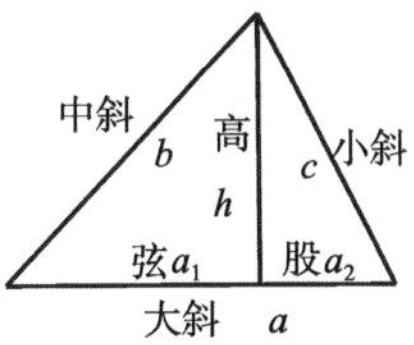

图 11-25

同勾股定理一样，三斜求积公式也具有悠久的历史，曾被世界上一些文明古国独立发现，最早给出这一公式的是古希腊的阿基米德②，曾有数学史书误认为是海伦最早发现的，误称为"海伦公式"。海伦在《度量论》卷一第 8 题和《测量仪器》第 30 题中

① 详细说明见徐品方，白话九章算术，成都：成都时代出版社，2002 年，第 341 页。

② 据阿拉伯数学家比鲁尼（Abul Raihanal-Birumi, 973—1050 以后）的记载，转引自梁宗巨，数学历史典故，沈阳：辽宁教育出版社，1992 年，第 129 页。

先后给出两种证明[①]。作为历史资料记录于此。

海伦第一证法利用推广勾股定理（相当于余弦定理）算出 $S_{\triangle}=\frac{1}{2}\times$ 底 $\times$ 高后，再用代数恒等变形推导；第二证法是以三角形内切圆性质及比例关系推证。

由于海伦时代没有产生今日的符号，他是用文字叙述的，所以没有如下整齐、漂亮和简明的式子，只指出各线段的做法，最后举例加以说明。下面用简洁的式子简介。

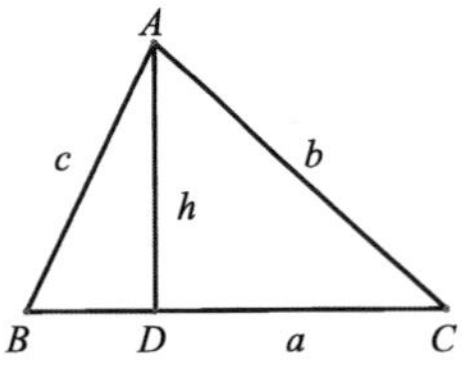

图 11-26

1．证法一（《度量论》卷一第 8 题）

如图 11-26 所示，设△ ABC 的三边为 a，b，c，$p=\frac{1}{2}(a+b+c)$，BC 边上的高 h，其面积为 $S_{\triangle}$。

根据推广勾股定理，有

$$c^2=a^2+b^2\pm 2a\cdot CD$$

这里∠C 为锐角时取“－”号，∠C 为钝角时取“＋”号，于是

$$CD=\left|\frac{a^2+b^2-c^2}{2a}\right|$$

又根据勾股定理，有

$$\begin{aligned}h^2&=b^2-CD^2\\&=b^2-\left(\frac{a^2+b^2-c^2}{2a}\right)^2\\&=\left(b+\frac{a^2+b^2-c^2}{2a}\right)\left(b-\frac{a^2+b^2-c^2}{2a}\right)\\&=\frac{[(a+b)^2-c^2][c^2-(a-b)^2]}{4a^2}\\&=\frac{(a+b+c)(a+b-c)(c+a-b)(c+b-a)}{4a^2}\\&=\frac{4}{a^2}\cdot p(p-a)(p-b)(p-c)\end{aligned}$$

① 详细证法可参见：梁宗巨，“海伦”，载吴文俊，世界著名数学家传记（上集），北京：科学出版社，1995 年，第 154-167 页。

所以

$$S_{\triangle}=\frac{1}{2}ah=\sqrt{p(p-a)(p-b)(p-c)}$$

2．证法二（《测量仪器》第 30 题）

如图 11-27 所示，作△ABC 的内切圆，圆心为 O，切于各边分别为 D，E，F，半径 $r=OD=OE=OF$，连接的 OA、OB、OC，则

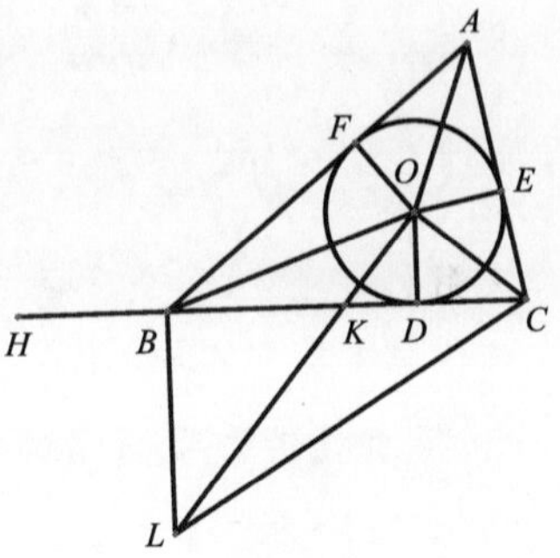

图 11-27

$$\begin{aligned}S_{\Delta ABC}&=S_{\Delta AOB}+S_{\Delta BOC}+S_{\Delta AOC}\\&=\frac{1}{2}AB\cdot OF+\frac{1}{2}BC\cdot OD+\frac{1}{2}AC\cdot OE\\&=\frac{1}{2}(AB+BC+AC)\cdot r\\&=p\cdot r\end{aligned}$$

式中，$p=\frac{1}{2}(a+b+c)$。

延长 CB 至 H，使 $HB=AF$，易知 $HC=p$。过 B 作 BC 的垂线与过 O 作 OC 的垂线交于 L（图 11-27），则 B，O，C，L 四点共圆，于是 $\angle BLC$ 与$\angle BOC$ 互补，而 $\angle FOA=\angle AOE$，$\angle BOD=\angle BOF$，$\angle COD=\angle COE$。

故 $\angle FOA+\angle BOD+DOC=\angle FOA+\angle BOC=\frac{1}{2}\cdot 360°=180°$，

于是 $\angle FOA$ 与$\angle BOC$ 互补

所以 $\angle FOA=\angle BLC$

于是 $\triangle BLC\sim\triangle FOA$

所以 $\frac{BC}{BL}=\frac{AF}{OF}=\frac{HB}{OD}$

$$\frac{BC}{HB}=\frac{BL}{OD}=\frac{BK}{KD}\text{（更比定理）}$$

$$\frac{HC}{HB}=\frac{BD}{KD}\text{（合比定理）}$$

由此，得

$$\frac{HC^2}{HC\cdot HB}=\frac{BD\cdot DC}{KD\cdot DC}=\frac{BD\cdot DC}{OD^2}$$

于是

$$(HC\cdot OD)^2=HC\cdot HB\cdot BD\cdot DC$$

因为

$$HC=p,\quad HB=p-a,\quad BD=p-b,\quad DC=p-c$$

所以

$$(S_{\triangle ABC})^2=(p\cdot r)^2=(HC\cdot OD)^2=p(p-a)(p-b)(p-c)$$

故

$$S_{\triangle ABC}=\sqrt{p(p-a)(p-b)(p-c)}\text{（得证）}$$

据阿拉伯数学家比鲁尼记载：海伦以前的阿基米德最早知道这一公式，后来的阿拉伯数学家阿布尔·韦法（Abu'l Wefa，940 — 998）也独立发现了三斜求积公式，可用现代符号表示如下

$$S_{\triangle}=\sqrt{\left[\left(\frac{a+b}{2}\right)^2-\left(\frac{c}{2}\right)^2\right]\left[\left(\frac{c}{2}\right)^2-\left(\frac{a-b}{2}\right)^2\right]}$$

实际上，秦九韶公式、海伦公式和阿布尔·韦法公式是等价的，下面给出他们的一致性证明。

由秦九韶公式

$$S_{\triangle}=\sqrt{\frac{1}{4}\left[c^2a^2-\left(\frac{c^2+a^2-b^2}{2}\right)^2\right]}$$

两边平方，得

$$\begin{aligned}S_{\triangle}{}^2&=\frac{1}{4}\left[c^2a^2-\left(\frac{c^2+a^2-b^2}{2}\right)^2\right]\\&=\frac{1}{4}\left(ac+\frac{c^2+a^2-b^2}{2}\right)\left(ac-\frac{c^2+a^2-b^2}{2}\right)\\&=\frac{1}{16}[(a+c)^2-b^2][b^2-(c-a)^2]\\&=\frac{1}{16}(a+b+c)(a+b-c)(c+a-b)(c+b-a)\end{aligned}$$

令 $p=\frac{1}{2}(a+b+c)$，则 $p-a=\frac{1}{2}(c+b-a)$，$p-b=\frac{1}{2}(a+c-b)$，$p-c=\frac{1}{2}(a+b-c)$

故

$$S_{\triangle}=\sqrt{p(p-a)(p-b)(p-c)}$$

这与海伦公式是一样的。

又由阿布尔·韦法公式

$$\begin{aligned}S_{\triangle}&=\sqrt{\left[\left(\frac{a+b}{2}\right)^2-\left(\frac{c}{2}\right)^2\right]\left[\left(\frac{c}{2}\right)^2-\left(\frac{a-b}{2}\right)^2\right]}\\&=\sqrt{\left(\frac{a+b+c}{2}\right)\left(\frac{a+b-c}{2}\right)\left(\frac{a+c-b}{2}\right)\left(\frac{c+b-a}{2}\right)}\\&=\sqrt{p(p-a)(p-b)(p-c)}\end{aligned}$$

式中，$p=\frac{1}{2}(a+b+c)$，所以，阿布尔·韦法公式与海伦公式也一样。

秦九韶独创的三斜求积公式，应用范围很广，对促进我国古代科技与生产的发展有积极作用，是我国古代数学的一项辉煌成就，自应表而彰之。作者之一的徐品方曾写诗赞曰：

锦绣山河美如画，修整农田与河堤。
有块沙田三角形，三边长短不整齐。
十三十四十五里，怎样求出它面积。
南宋有个秦九韶，独创新法编成题。
发现三斜求积式，可与海伦比高低。

第六节　先进符号

文字是记录语言和传递信息的符号。符号就是某种事物的代表。数学符号是数学的特殊文字，是一种含义高度概括、形体高度浓缩的科学语言。它像一颗颗耀眼的宝石，镶嵌在数学这块翡翠般的土地上。有关的数学概念、运算、关系和推理，无不通过符号来进行。符号可使数学思维过程更加准确、概括、简明和更容易揭示数学对象的本质。

数学符号是无声的音符，它可以谱写出一曲曲动人的乐章。因此，数学符号是很重要的，“没有数学符号，数学就不能得到发展”。

数学符号是怎样产生的呢？它不是人们主观的臆造，也不是数学家在一起开会达成的协议，更不是先于数学而产生的，它是随着数学发展的需要而产生的。

这里，介绍秦九韶著《数书九章》时，独自创新的几种数学符号。

一、专用符号

世界各民族，由于实际运算的需要，最早产生表示数码如1，2，3，…的各种符号，中国大约在春秋战国时期（公元前770－公元前221），就普遍使用算筹做计算工具。算筹的制作方法非常简单，用几寸长的小竹棍如木、骨、玉、牙、铁、银等材料都可以做算筹，只是要求每根算筹必须一般长短、粗细，为了便于随身携带，还有专门有盛算筹的算袋或算壶。用算筹（又叫筹码）可以表示各种数字，它用纵、横两种方式表示基本数码1～9。

纵式	𝍠	𝍡	𝍢	𝍣	𝍤	𝍥	𝍦	𝍧	𝍨
横式	𝍩	𝍪	𝍫	𝍬	𝍭	𝍮	𝍯	𝍰	𝍱
表数	1	2	3	4	5	6	7	8	9

怎样用算筹来计数呢？《孙子算经》记载说：“凡算之法，先识其位，一纵十横，百立千僵，千、十相望，万百相当。”意思说，用算筹计数和运算，首先要识别算筹的位置。算筹计数有纵、横两种规则，个位上的数用纵式，十位用横式，百位用纵式，千位用横式，万位用纵式，其余纵横相间。例如，“36”记为“𝍫𝍥”，“6827”记为“𝍮𝍧𝍪𝍦”

古人就是将上述算筹计数摆在桌面上或者摹绘在纸上表示各种数字，进行运算的。

13世纪，数学家秦九韶在数学符号上进行了大胆革新，提出并使用了一套专用的计数筹码

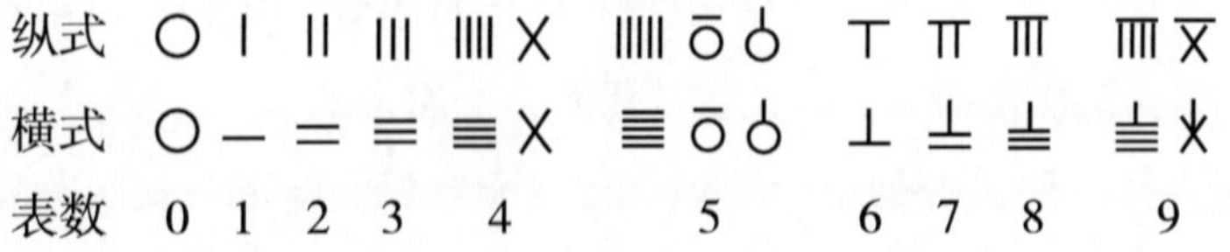

早在秦九韶200年前的司马光所著《潜虚》中，曾用

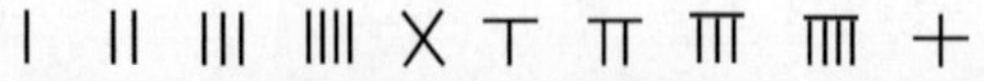

来表示10个数码，虽然比春秋时期以来所用算筹有了改进，但没有重要的○码，“5”是用古体字“╳”表示。

秦九韶的记数符号，与古代两种1～9的符号至少有四处不同：一是用圆圈表示0，二是增加符号“╳”表示4；三是增加符号“ō ⫰”表示5；四是增加符号“X̅ ᛡ”表示9，并且比古代筹码表示4，5，9的书写笔画少。

从秦九韶的《数书九章》一书中可见他的筹码有的只用于记数，而不用于计算，如第二章天时类“治历演记”题筹图中出现“ō ⫰”与“X̅ ᛡ”，如第三章田域类“尖田求积”题“正负开三乘方图”的筹图中表示𝍤（即5）的记号用“⫰”。在《数书九章》中𝍤与ō ⫰通用。

有趣的是，符号上的一短竖，直观形象地表示算盘上每档串珠的杆（档），而上的一横表示算盘上的中梁。从这个角度来看，秦九韶着意于筹算与珠算记数的统一，这两个符号可能是受算珠启发而产生的。

秦九韶新增加的筹码符号“╳ ō ⫰ X̅ ᛡ”，当时没有引起数学家的注意。到了明代（1368—1644）在算术中出现了一种商业用的“暗码”

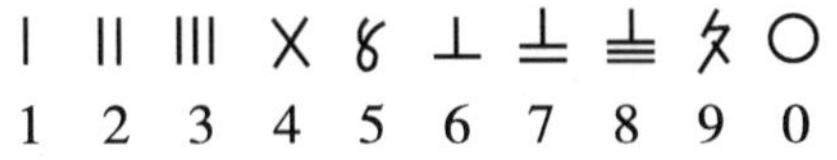

在暗码中，我们可以看到秦九韶300年前创造的符号“╳”被采用了，暗码中的“夂”（9）似乎也是由秦九韶“X̅ ᛡ”演变而来的。

需要注意的是，现代常用的商业大写数字（又叫会计体），即壹、贰、叁、肆、伍、陆、柒、捌、玖、拾、佰、仟，是在唐代（618—907）以后，学者们集众家才智创用的，主要是为了避免用筹码记数的涂改。这种会计体在唐代以后的商业银行开始流行至今。

至于中国小写数码一、二、三、四……八、九、十，也是我国表示数词的汉字，大约是从汉朝（公元前 202—220）以后由甲骨文（刻在龟甲和兽骨上的文字）和金文（铸在青铜器上的文字）逐渐演变而来的[①]。

秦九韶为什么要另外创造一套记数符号呢？我们知道，我国筹算和珠算在互相影响下长期共存。珠算的产生早于珠盘算，北宋时期发明了珠算盘，现代有人研究发现“现代有档穿珠算盘产生于唐代”。在南宋，珠算盘已经比较流行了，筹算与珠算在宋朝并存使用。可以认为，秦九韶在计算技术上受到珠算盘的影响并做了不少改进，而这些改进又促进了珠算技术的进步。《数书九章》在筹算、珠算长期共存，以筹算为主体转变为以珠算为主体的过程中，特意在古代筹码的基础上增加几个新的筹码，使他的记数符号与珠算盘的记数更接近，表现出以下两个特点。

（1）纵横符号的差别减少。珠算盘记数法没有纵横的差别。秦九韶记数筹码中如圆圈〇、╳两码已无纵横之分，$\overline{\bigcirc}$和⫯亦通用，从而减少古代筹算记数“个位用纵，其余纵横相间”的麻烦。古代筹算记数要分纵横两式，是为了防止错乱而精心创设的。然而，秦九韶记数筹码提供了数码 4 以后只用一种形式的基础。明代珠算普及以后，“4”以后的记数分纵横两式已经没有必要了，于是，以秦九韶数码为基础终于演变成了明代商业的暗码。由于我国古代用毛笔画圆圈的习惯是从右上角起顺时针方向旋转一周，因此，秦九韶数码数码“⫯”（5）和“⫲”（9）由笔顺可能就演变成了“δ”和“夂”。这种一笔写成也是秦九韶另外创用记数筹码的优点之一。

（2）珠算盘记数，横梁以下的下珠满五，可用一颗上珠代替，这时，下珠没有靠梁的珠，上珠有一颗靠梁。秦九韶与他同时代著名数学家杨辉以记号$\overline{\bigcirc}$ ⫯形象生动地表示数码 5，恰好是算盘上记 5 的写照。

所以，秦九韶创造的记数符号使珠算与筹算记数的两种不同制度统一了，尽管他的苦心没有完全变成现实，但对后世珠算技术的改进提供了新的思路。

二、创用零号

数学符号是数学的抽象语言，是文字的缩写，它是数学家们交流、传达和

① 李俨、杜石然，中国古代数学简史（上册），北京：中华书局，1963 年，第 9 页。

记录数学思维信息的有力工具。

中国古代数学除数码外极少用数学符号。对数学中的概念、运算、关系等，最先是用文词表达，叫文词或修辞数学。这种完全用文字叙述问题和解，而不用数学符号的做法比较烦琐。不过，我国宋朝时期开始，人们逐渐采用缩写或简字表示常用的量和运算，一批数学家，如秦九韶、李冶、杨辉等创用了一些数学符号来表示数字，形成了简写数学。国外则从缩写字母表示开始，大约从16世纪以后，韦达开始大量创造独立的数学符号。

以“〇”作为数码记数中的零号是我国古代数学中的重要创造。下面对这一过程进行稍加梳理。

我国古代数码没有零号。古人曾用词“初”“始”“端”“空”等表示零和读零，秦九韶也用“空”表示零和读零，如《数书九章》第二章天时类“缀术推星”题的“草”中，将

〇	〇〇	一丨	=Ⅲ	⊥≣
度	分	秒	小分	小秒

书写读作“空度空分十一秒二十三小分六十五小秒”，即表示“0度0分11秒23小分65小秒”。秦九韶在著作中，渐渐感到用空表示零和读零不简便，于是产生了创造零记号的动机。

用“〇”表示零的创造，或许可以从我国书写习惯上给予说明。我国古书有用方形“□”表示缺字的习惯，数字的空位也用“□”来表示。在书写的时候，字体写成行书或用毛笔画方时，笔顺为，书写速度快一点，则方形按顺时针方向而成“〇”，或许就这样慢慢演变为中国记数中的零号。

在金代成书的《大明历》（1180年）中已有用圆圈表示零的记号，如“二百〇七”（即207）。从时间上来说比秦九韶的《数书九章》早60多年，但秦九韶是否知道这个零号，没有资料说明。

或许，秦九韶曾在一些古代手抄本上看到这些似方不方、似圆不圆的空位记号，他在《数书九章》里大胆地借用圆圈“〇”表示数字“零”。《数书九章》第六章钱谷类“推知籴数”题的草中，把一个筹式解释为“米四石六斗八合（4.608石），于实数零文之下，为立方从隅”。这里显然已把“〇”读作“零”了。在

方程式中，若未知数项的系数为零，秦九韶便在筹图对应处记为“○”，还在旁边记“虚方”“虚下廉”。“虚”字就是表示这项系数为零，这种同时采用○与虚的做法，避免混淆，是秦九韶符号的另一道风景线。

无独有偶，与秦九韶同时代的北方数学家李冶（13 世纪），在其著作《测圆海镜》（1248 年）时，也不谋而合地使用圆圈“○”作为零的符号，如该书卷八第十五问中把 13 056 000 记为 | ≡ ○ ||||| ⊥ ○ ○ ○。

因此，我国零的记号，《大明历》最早有记载。但大量地在数学书中使用，应归功于秦九韶和李冶两位宋代数学大师。

总体上来看，我国宋代已经开始普遍使用这一零号，正如英国科学史大师李约瑟说：“宋代数学家已广泛地采用○号。”[①]

世界上最早使用现代形式为扁圆零号“0”的是印度人，“据说 0 是印度的大乘空宗所创，意为空”[②]，大约从 9 世纪便开始使用。但具有中国特色的圆圈零号并不是由印度传入我国的。我国数学史家梁宗巨教授指出：根据现有史料来看，包括 0 在内的印度 - 阿拉伯数码“0，1，2，3，…，8，9”是 13 世纪由伊斯兰教徒从西方传入我国的。不过，那时我国的○已经使用了 100 年[③]。扁圆与圆圈的零的形式不同，但在数码记数上的意义一样。这里值得指出的是，我国的零号主要用在数码记数方面，而把“0”作为一个独立的数，并有相应的运算法则，则被普遍视为是印度数学对世界的贡献。

三、分（小）数号

中国是世界上产生分数最早的国家，商代（公元前 5 —前 3 世纪）时，$\frac{3}{5}$记为五分之三，或者略去“之”字，记为五分三。公元前 3 世纪，战国时齐人写的一部古书《考工记》，有“十分寸之一为一枚”的词句，即是说：“$\frac{1}{10}$寸等于 1 分。”

① [英]李约瑟，中国科学技术史（第三卷），北京：科学出版社，1978 年。
② 转引自：朱军，我的零点时刻（代序），南京：江苏人民出版社，2011 年。
③ 梁宗臣，数学历史典故，沈阳：辽宁教育出版社，1992 年，第 67-68 页。

我国古代用算筹记分数也有特色，分子（古称“实”）、分母（古称“法”）不摆在一起，如今天的带分数 $64\frac{38}{483}$，记为

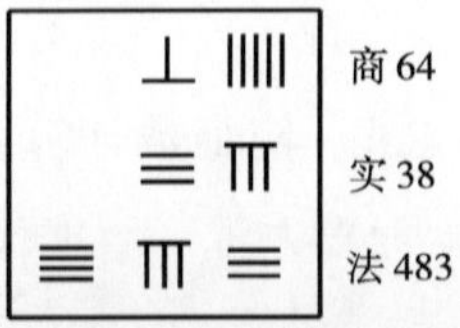

这种排列法和现代分子在上、分母在下是一样的，只是没有分数线。

秦九韶对我国古代分数的记法也做了改进，如在《数书九章》第九章市物类“推求物价”题中，把乳香“三千五十六套四分套之一”在筹图中记为

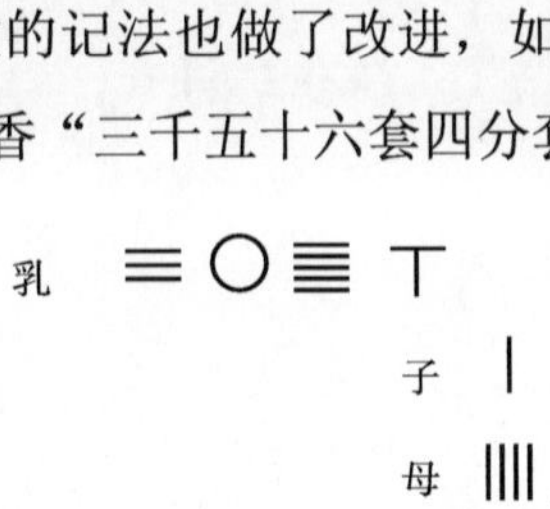

亦即表示今式 $3056\frac{1}{4}$。在本书十一章第四节节末举出的第九章市物类“均货推本”题中的“首图”里将 $58\frac{1}{3}$ 记为

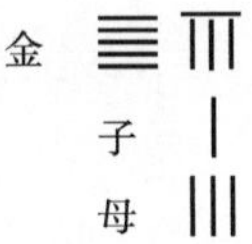

显然这比古代有所改进，但整体讲我国用算筹来表示分数还是纷繁复杂的。一般认为，现代意义下的分数记号（横线“—”表示分数线）是阿拉伯数学家阿尔·哈萨（Al-Hassar，约 12 世纪，又译为海塞尔）于 1175 年最早使用的[①]。

关于十进小数的表示，秦九韶在刘徽注《九章算术》的少广章第 16 题中看到“开方术”注文“微数无名者以为分子，其一退以十为母，其再退以百为母。退之弥下，其分弥细……”。这就是说，在开平方求无理根的近似值时，得到方根的整数部分以后，继续依法开方求出“微数”。这些“微数”就是整数以后的小数部分的统称[②]。例如，$\sqrt{3}=1.732\cdots$，按刘徽之意可以表示为

① 徐品方、张红，数学符号史，北京：科学出版社，2006 年，第 138-141 页。

② 徐品方，白话九章算术，成都：成都时代出版社，2002 年，第 141-142 页。

$\sqrt{3}=1+\frac{7}{10}+\frac{3}{100}+\frac{2}{1000}+\cdots$。刘徽的先进思想一直没有得到重视，一千年后秦九韶在刘徽的基础上，发展了开方不尽求微数的思想，提出使用十进小数表示无理数的近似值。

秦九韶创用了“进退开除法”，使小数计算得到发展。例如，《数书九章》第六章钱谷类“囤积量容”题，列出方程（用现代符号表示）

$$16x^2+192x-1863.2=0$$

解之，得 x=6.35。秦九韶书上记为

丅 ≡ |||||
寸

这里的“寸”字就相当于小数点了。又如，该书第三章田域类“均分梯田”题，甲长 $57\frac{853}{2045}$（=57.41）和乙长 $49\frac{20\,276\,319}{412\,406\,319}$（=49.49），在答案里将分数部分分别记为“大约一百分步之四十一分”，即 0.41 和“大约百分步之四分九厘”，即 0.49。因此，秦九韶在小数的记法上也做了改进。

古代的数位，因计量单位的不同而有不同的名称。后来因为计算的需要，逐渐把长度单位寸以下的名称作为通用小数的名称。这一点改进是由秦九韶完成的，如《数书九章》第六章钱谷类“累收库本”一题，在“草”里他把货币单位“文”之后用“分、厘、毫、丝、忽、微、尘、沙、渺、莽、轻、清、烟”13 位小数名称来命名。

秦九韶的小数记法很完善，在当时来说很先进。他用度量衡的单位名称表示小数，如在《数书九章》的筹式演算草图中，在整数上或下写上单位名称，如在第二章天时类“缀术推星”题中，用

一 丅 ≣
伏日

表示 16.90（日），或用

度
〇〇〇一|=|||⊥丅

表示今天的 0.001 123 66（度）（书上写成〇度〇〇分 11 秒 23 小分 66 小秒）。

秦九韶用度量衡的单位名称日、度、寸、尺等表示小数点记法，起着小数点的作用。

与秦九韶同时代的李冶、杨辉也曾使用过先进的小数记法。李冶改进了秦九韶《数书九章》中如把 7.59875 尺记作七尺五寸九分八厘七毫五丝的记法，取消了表示小数的寸、分、厘等名称，完全用数码来表示小数。若是纯小数则在个位处写〇（圆圈），如 0.25 记作“〇 ═ |||||”（见《测圆海镜》卷七第十八问）；若是带整数的小数，则在个位数下写一个“步”字，如 5.76 记作

||||| ╧ ⊤
步

（见该书卷十一第十一问）显然“〇”“步”代表了今天小数点。

在国外，到 15 世纪时阿拉伯人阿尔·卡西（Al-kashi，？—1429）才有类似于秦九韶的记法。1585 年比利时数学家斯蒂文（S·Stevin，1548—1620）创用的小数记法，仍然很不方便，如将 27.847 表示为 27 ◎ 8 ① 4 ② 7 ③。秦九韶的记法显然优于他们，而且比阿尔·卡西约早 200 年，比斯蒂文早 330 多年。现代意义下的用圆点表示小数点，首先使用者是 1593 年德国数学家克拉维斯（C. Claxius，1537—1612）[①]。

四、负数记号

我国是世界上最早发现与认识负数的国家。刘徽注《九章算术》的“方程”章正负术中对正负数的含义、运算和记法说：“今两算得失相反，要令正负以名之。正算赤，负算黑，否则以邪正为异。”（意思是说，今有两数若其意义相反，则应分别定义为正数、负数。用红色算筹表示正数，用黑色算筹表示负数，否则以正摆着的筹表示正数，以斜摆着的筹表示负数）这就是说，不是用符号，而是用算筹的颜色，正或斜放两种方法表示正数和负数。后来的一本数学史说，古人还用第三种方法表示正、负数，即用截面为三角形的算筹表示正数，截面为正方形或矩形的算筹表示负数，显然这种方法比较繁杂。

① 徐品方、张红，数学符号史，北京：科学出版社，2006 年，第 141-153 页。

秦九韶在布列方程时，常常出现系数为负的情况，据钱宝琮引清代数学家李锐称：“秦道古（即秦九韶）《数书九章》卷四上开方图，负算画黑，正算画朱。”[①] 这表明秦九韶沿用《九章算术注》中用算筹颜色表示正、负数。但是，我们从现传刊本中只看到秦九韶采用文词表示方程的正数和负数，而没有用算筹颜色表示正、负数了。例如，本书第十一章第三节已介绍的《数书九章》第三章田域类“尖田求积”题中，在筹图里，若系数是正的，他加上一个“从”字；若系数是负的数，他加上一个“负”字，高次项系数是负数，他加一个“益”字，叫做“益隅”；若方程缺项（若系数为零），他用“虚”字表示。

李冶在《测圆海镜》中首先使用与现代不同的负号，他在算筹符号表示数字上画一条斜线，通常画在最后一位有效数字上，如“𝍠 𝍯 𝍤”表示“－175”（卷八第六问）；用“𝍢 𝍮 〇”表示“－360”（卷四第二问）；用“〇 𝍯 𝍤”表示“－0.75”（卷七第十七问）等。显然，李冶发明和使用的负号比其他数学家要先进。

在国外，现代意义下的负号“－”，是法国的荷兰数学家吉拉德（A.Girard，1595—1632）于1629年创用的[②]。

综上所述，秦九韶打破了中国古算极少创用符号的沉闷气氛，大胆地创用圆零〇、╳（4）、ō ȯ（5）、╳̄ ╳̣（9）这几个先进的数学符号；他用“寸”等单位字表示小数点；用“虚”字表示方程缺项系数为零；用“益”或“负”字表示负号。这表明他认识到了引入数学符号的重要性。但是，秦九韶仍受中国古算不使用符号这个传统思想的羁绊，不像他创造大衍求一术和正负开方术那样大刀阔斧、有重大突破，究其原因，主要有以下两方面。

（1）我国古算家恪守“祖宗家法”。以《九章算术》为奠基的古代数学著作中，长期没有引入数学符号。因为计算是通过算筹实现的，认为不需要别的符号，所以中国古算中并没有创用特殊的加、减、乘、除、开方和相等的符号。

即使在清朝末年，尽管西方数学书上早就引入了现代形式的符号，而我国在翻译西方数学时，仍沿用中国古算筹码或硬造符号，使用了一套光怪陆离的符号体系，令人读之，宛若天书。例如，翻译家李善兰（1811—1882）翻译西方数学书时，将函数符号$f(x)$用“函天”表示，加减号“+、－”分别改为“⊥、

① 钱宝琮，中国数学史，北京：科学出版社，1964年，第158页。

② 徐品方、张红，数学符号史，北京：科学出版社，2006年。

┬”（取上、下两字之形）等。

(2)“闭关锁国”是我国封建社会时期的一项基本国策，在数学上也不例外，远的不说就以清代为例：据张奠宙教授介绍说：清代江苏督学黄漱兰在主持算学考试时，发现某考生答卷上凡用到数目之处，均没有写成中国数字一、二、三……九、十，而用印度-阿拉伯数码1，2，3，…，9，10，主考官勃然大怒，斥责考生“用夷变夏，心术殊不可问”，立即停止了这位考生该发的津贴，以示惩戒。最后该生发狂而死。

所以，在这种封建社会历史背景下，造成中国极少创用数学符号。我国古代数学虽然领先于世界，但由于没有使用先进的数学符号，从而妨碍了数学的发展，这是导致明代以后我国数学逐渐衰退的原因之一。相反，重视并创用了数学符号的西欧却后来居上，数学的发展赶上和超过了中国，这是历史的教训。

综上所述，《数书九章》内容丰富多彩，出类拔萃，推陈出新，继承并发展了《九章算术》的数学传统，可谓青出于蓝而胜于蓝。

《数书九章》的数学内容，颇多创新。例如，大衍求一术使解题规格化、程序化；对解一次同余组问题有关奥妙哲理，曲尽无遗。秦九韶思考与解法问题心细如发，说来井然有序，娓娓引人入胜，并早于外国500多年。又如，对中国数码的改进以及记数法在此得以完整保存；自然数、分数、小数和负数都有记载；最大公约数和最小公倍数的灵活运用；军事建设和军队活动各方面的数学问题独树一帜；粮食或货物的互换问题，题意源出《九章算术》盈不足而不落窠臼，另辟蹊径，推陈出新，立术新颖可喜。

在几何领域，《数书九章》也有精湛成果。例如，“三斜求积”公式填补了我国传统数学的空白，走中国传统数学自己的路，独创出可与阿基米德和海伦媲美的已知三边求三角形面积的辉煌公式。

在代数方面，正负开方术之发明，说明我国数值解方程（即数字高次方程数值解法），至此已达到炉火纯青的地步，与霍纳方法比，不仅在时间上优先，而且有其长处。此外，线性方程组方面也具特色，创“新方程术”。例如，“均货推本”题记有四元线性方程组，其演算实录，史料价值较高，显示早于高斯数百年我国已有这种消元法。

《数书九章》除数学内容外，最重要的也是过去少有人发现的是秦九韶兴国安邦的治国主张；同时，该书还从侧面反映了南宋社会经济、文化、生活、科学、技术和军事等状况。该书 81 个数学题文都是精心设计的，不只谈数学，还谈及治国安邦的国计民生、自然现象、社会生活，是以往古算书中少见的。

《数书九章》是继承和发展《九章算术》的一本伟大的古算著作，亦是一本较系统的、宝贵的管理数学和经济数学专著，是中国数学文化史上一颗文采照人的明珠。

第十二章　数学精神

科学精神的灵魂是“探索”。科学精神绝非信仰，它是批判的、质疑的、创造的、严谨的和求实的，而数学精神是科学精神的基础。

数学精神是指人类在从事数学活动的意识、思维活动和一般的心理状态。它的内容实质、宗旨和主要意义体现在崇尚理性的思维方式上，追求统一的体系结构，符合实践的求真原则。

数学精神的表现就是数学思想。数学思想指比一般基础知识的更高层面，也常常是最核心的观点和看法。数学思想的灵魂是“创新”。

秦九韶的数学精神是什么呢？我们从《数书九章》尤其是序言（含系文）中，看到了他具有创新、开拓的思想。今有人通俗地说他是“思想开阔的头脑”，即他大胆地、自由地在前人的基础上创造革新的思想。这与后来的德国数学大师康托尔（G.Cantor，1845—1918）说的，“数学的本质在于思想的充分自由”①是一致的。

总的来说，秦九韶的数学思想既体现了中国古代传统的数学思想的特点，又有他鲜明的个性特点。秦九韶的重要数学思想有很多，这里简要介绍几点。

第一节　治学态度

秦九韶治学严谨，主张数学学习与研究要理论联系实际，正如他在序文中说“数术之传，以实为体”（数学理论的流传，以实际作为载体），而学习与研究数学的目的是“以拟于用”（即用于实际）。这与古今哲人主张“学问不在于

① 引自：[日]米山国藏，数学的精神、思想和方法，毛正中、吴素华译，成都：四川教育出版社，1986年。

知识的多少，而在于应用”是一脉相通的。当然，他还不满足于应用，还要“探隐知原”，即“探索未知，方知原因”。

因此，“以拟于用”和“探隐知原”是秦九韶治学思想的两个方面，即数学应用性和纯粹性相结合。《数书九章》全书贯穿着秦九韶既重视数学理论又重视实际应用的精神。

秦九韶的治学，主张创新与开拓，他认为“历久则疏，性智能革”（历法用久了就会出现误差，聪明的人能够改革旧历）。他特别强调要独立思考，切忌模袭前人，说“不寻天道，模袭何益”（如果不去探索自然规律，只会模仿和因袭又有何益）。

秦九韶钻研学问，刻苦而严谨，目的是将知识奉献于世。他在《数书九章》第二章天时类“治历演纪”题文中说:“数理精微,不易窥识。穷年致志,感于梦寐。幸而得之，谨不敢隐。”意思说：数学原理的精深微妙，是不容易认识的。长年累月地钻研数学，连梦中都在思考数学问题。终于有幸获得成果，毫不隐瞒地把它奉献于世。事实上，当他“探索杳渺，粗若有得”（即深入探索数学之精微，初步取得一些成果）之后，便把研究成果“设为问答”，“取八十一题，厘为九类，立术具草，间以图发之”，形成《数书九章》一书。又说：“恐或可备博学多识君子之余观，曲艺可逐之。”意思是说，倘若我的这些作品可供博学多识的人士在业余时阅读，我研究数学的目的就间接达到了。

另外,对于学习数学的方法,他在系文中告诫人们,学习研究数学“衍而究之，探隐知原”，即是说，通过数学推演和研究，探索未知，方知原因。

综上所述，我们看到了秦九韶严谨治学、追根索源、服务社会、理论与实践结合等数学治学精神。

第二节　崇尚数学

在秦九韶时代，数学被视为“九九贱技”不受重视。因此，秦九韶在书的自序中大声疾呼，力图提高数学的地位，指出数学的重要性：“周教六艺，数实成之。学士大夫，所从来尚矣。”意思是说，周代学校的教育内容有六种技艺，数学是其中之一。学者和官员们从来就重视数学这门学问。以古喻今，古人尚且如此，难道今人不应该崇尚数学吗？

秦九韶为了进一步阐述数学的重要性，他接着又在序中指出，数学在社会生活中的作用说，数学“大则通神明，顺性命；小则可以经世务，类万类”。意思是说，从大处说，数学可以认识自然，理解人生；从小处说，数学可以筹划国计民生的日常事务，分类万物。虽然在当时数学被有些人认为是经世务俗的层次较低的学科，但是秦九韶认识到数学已经超出了这一层次，他把数学与人、自然和社会结合在了一起！

秦九韶在指出数学可以“经世务，类万物”之后还指出“推策以迎日，定律而知气。髀矩浚川，土圭度晷”等。意思说，历算家用筹计算一日的长短，确认自然规律，推测节气变化。用标杆和角尺测量山高河宽，立圭表测日影（以定时间和节气）。这里说明社会生活都离不开数学，并且他还强调说:“天地之大，囿焉而不能外,况其间总总者乎？”意思说,宇宙如此之大,尚不能置于数学之外,世间万物又怎能离开数学呢？

秦九韶认为,数学的“大则”和“小则”是统一的。天象历度等是可以“通明神,顺性命”的学问,称为“内算”,“言其秘也”（其算法是保密的）。“九章（指《九章算术》）所载，即周官九数。系于方圆者为叀术，皆曰外算，对内而言也。”意思说《九章算术》所载内容，即有关测量和计算方、圆等图形的数学方法（是用来“经世务，类万物”的），统称为外算，这是对内算而言的。

显然,内算与外算的区别是由于处理的对象不同“其用相通,不可歧二”（内算与外算在应用上是相通的，不可看作两种截然不同的算法）。

秦九韶还针对当时数学不景气，某些学者自大，鄙视前人成就，以及一些地方行政官吏不懂数学等现象而痛心地批判道：“后世学者自高，鄙之不讲，此学殆绝。惟治历畴人，能为乘除，而弗通于开方衍变。若官府会事，则府吏一，二累之。算家位置,素所不识,上之人亦委而听焉。持算者惟若人,则鄙之也宜矣。”意思说：后世的某些学者自高自大，看不起数学，而不予讲解传授，一些数学内容几乎失传。只有编制历法的学者懂得乘除运算，而对高深的开方运算和大衍等术就不通晓了。他们以为，官府的会计事务，只需要少数人懂得加减计算就行了。这些人连数学家的地位和作用都不懂，为官之人居然还任用他们、听他们的。如果只有这些人研究数学，那么数学受到鄙视也就顺理成章了。所以为官的秦九韶极力主张官吏掌握数学知识，以便应用数学科学进行管理。他认为，“匪究匪度，财蠹力伤”，意思说，若不精心规划和计算，就会劳民伤财。因而，作为官吏，应为国为民、精心计算，以避免计算错误而造成的损失。

第三节　抽象算法

算法化是我国古代数学思想的重要特点之一，因为古代数学著作，大多是以应用问题的形式表达出来的，每一个应用题都有“问”“答”和“术”的格式。“问”就是应用问题，一般给出题意和具体数据，“术”是解决该问题的一个算法，反映普遍性和抽象性的规律等。“答”就是把“问”中的数据代入“术”，进行计算的结果。因此，古算书具有算法化、抽象化和数值化的特点。

秦九韶著《数书九章》时，一方面继承了《九章算术》等古算书的算法化思想和抽象化思想，另一方面又发前人所未发，颇有慧心地创造了把“术”应用于本题具体的计算过程的步骤，他把这称之为“草”，而且许多题的“草”后还附有筹图与形象的图形，即算筹的具体摆法的图示，或者直观的几何图形，发展了《九章算术》等古算法。

例如，以“三科求积”题为例，他的“术”给出了一个已知任意三角形的三边 a，b，c，求三角形“沙田”面积的几何图形和算法公式（用现代符号表示）

$$S_{\triangle}=\sqrt{\frac{1}{4}\left[c^2a^2-\left(\frac{c^2+a^2-b^2}{2}\right)^2\right]}$$

这个算法公式比较抽象，在后面的“草”里代入了数据 13，14，15 进行具体计算，是“术”的具体化，表现了算法程序化和抽象化，以及数值化的结合，后来古算书一直保持着这一特色。

另外，《数书九章》的“术”的特点是对有一些题目都先交代计算方法的依据，如“以大衍求之”“以历法求之，大衍入之”“以少广求之”和“以商功求之”等。然后在给出具体的算法的“草”。秦九韶的计算方法的依据大都是《九章算术》

中的术，如“三斜求积”题中的“术”，“以少广求之”。还有许多题都可以找到这种渊源关系，例如，经学者统计，与《九章算术》“少广”章有关的14题，与“商功”有关的13题，与“粟米”有关的11题，以及与方程有关的问题都有“以方程求之”等。

《数书九章》和《九章算术》一样，各种“术”也多具有转化为现代算法语言算法的可能。事实上，现代的学者已研究和编出计算机的算法程序，可以在计算机上进行解答。这与西方欧几里得几何代表演绎推理为主的公理化体系相互辉映，成了东、西方不同特色的数学思想体系。

秦九韶十分重视抽象思维，他的抽象化方法达到了一定的高度。例如，第四章测望类“遥度圆城”题，虽然仍旧利用实用的形式给出，利用算法方式求解，但却利用了一个十次方程。在当时的现实生活中没有必要用十次方程，用三次方程即可，但他为了表示他创造的“正负开方术”可以解任何次方程，他别出心裁地编出了实际上不存在的“应用问题”，实质上也是一种抽象化思想方法，他“抽象地”给出了一个十次方程。因此，秦九韶的抽象化思想超过了《九章算术》。

综上所述，秦九韶的数学精神促进了中国古代数学的发展，是现代数学思想的重要源泉之一。同时，他主张“历久则疏，性智能革。不寻天道，模袭何益”的数学思想，从另一个角度来看，它与今天强调的改革创新、实事求是地探索自然规律，不盲从，不模仿因袭的现代科学精神的思想也是一致的。

第十三章　后人评说

秦九韶生活在一个动荡的年代，又亲历对外抵抗侵略，对内卷入政治派系斗争，因此他一生坎坷不平。他一生遭遇三劫：青年时期在四川遭遇兵变和蒙古军队入侵之苦，“尝险罹忧，荏苒十祀”（尝尽艰险，历经忧患，辗转度过10年光阴）；中年生活不安定，仕途十分坎坷，卷入统治集团的内部斗争；秦九韶死后，又遭到一些不同政见者的诬陷，不仅《宋史》无传，生卒年月亦难考，连他为之呕心沥血的《数书九章》也迟迟不能刊行，仅以手抄本流传。

秦九韶的生平事迹，最早见于宋末的填词、写小说的作家周密《癸辛杂识续集》卷下的文章、刘克庄（1187—1269）的有关奏状，以及李刘（李梅亭）、陈振孙（？—约1261）的只言片语。特别指出，流传至今的周密《癸辛杂识续集》卷下，因受宋代党伐之争影响而丑诋秦九韶，形成了秦九韶道德低下的形象。今天看来，从当时的政治背景和秦九韶在《数书九章》中所表现出来的思想和精神来看，当时的评价不符合秦九韶的真实形象。本书就是站在这一立场，从最能反映秦九韶思想的《数书九章》出发，恢复秦九韶光辉的人格特征和伟大的学术成就。

由于南宋处于多个外族入侵的压力下，在朝廷形成了主和与主战两派，两派形成广泛而深远的政治斗争。以掌管着军政大权的宋理宗皇帝、贾似道(1213—1275）宰相为首的是主和投降派。刘克庄、周密是贾似道的门下，他们针对以与吴潜（1196—1262）宰相等为首的主战派进行各种打击迫害。秦九韶是吴潜的朋友，站在主战派一方，必然受到影响。周密等搜集了与秦九韶政见不合者（如杨守斋等），或者有私怨之人攻击秦九韶的各种材料，有些是无中生有，有些是经过严重歪曲的材料（如陈圣观等），然后加以拼凑而成的文章或奏状。由于投降派占据政治上风，因此，我们今天所能看到的主要是这些严重地歪曲了秦九韶形象的记载。

直到清代，一些学者对周密文章中有关秦九韶的记载进行考证，才基本做到了去伪存真，还其本来面目。例如，清代数学家焦循（1763—1820）与编撰《畴人传》（数学家传）的阮元（1764—1849）是同窗，并参与《畴人传》的校正工作。焦循在《里堂学算记》中对周密的文章“力辨其诬”。他说：“秦九韶为周密所丑诋，至于不堪，而其书晦而复显。周密以填词小说之才，实学非其所知。即所称与吴履斋（指吴潜）交稔，为贾（似道）相窜于梅州，治政不辍，则秦之为人亦瑰奇有用之才也。”又说：“密自标闻于陈圣观，又恶知圣观之非谤耶？乃秦九韶之履历，颇赖以此传，则谤之正所以著之耳。”（《天元一释》）焦循的评价，可谓公允。

1842年编辑出版《宜稼堂丛书》的数学家郁松年，也说周密对秦九韶的指责“词多讴毁，或失其平”（《数书九章札记》序）。

清代湖州的著名学者、数学家陆心源（1834—1894）说：“周密《癸辛杂识》叙其事甚详，毁之者亦甚至。焦里堂（焦循）力辨其诬。愚谓秦九韶既为吴履斋所重，为似道所恶，必非无耻之徒。举世不谈算法之时，讲求算经，不可谓非豪杰之士。”又说：“（密）所著书谤正人，而于（韩）侂（音岔 chà）胄、（贾）似道多恕词，是非颠倒可知。”（《仪顾堂题跋》卷八）

在清代众多学者讲究“实事求是”的气氛之下，光绪年间重修的《乌程县志》（卷二十三）终于以“寓贤”的名义在（浙江）湖州方志中正式补上了秦九韶传[①]。

一些现代学者不同意清代学者的评价，认为清人替秦九韶翻案，证据不足。他们认为，“有才未必有德”，秦九韶的数学成就突出，但人品不一定好。

我们认为，秦九韶的数学水平达到了他那个时代的巅峰，这是无疑的。至于人品问题，就当时的政治斗争的背景来看，作为主和派诋毁主战派的形象而收集不利材料，是很有可能的。但是，这些诋毁材料从事实来看，有些也是有可能的。①在南宋末年整个社会追求奢侈成风，腐败盛行。秦九韶不是隐君圣人，而是一个主战反对投降、追求国家统一，有着远大的政治抱负的人，因而他也一定是顺应现实，以入世之手段来实现他的理想。②从这些材料上来看，

① 参看韩祥临“秦九韶与湖州”，载李迪主编，数学史研究（第七集）；或转引见材料，见徐品方、孔国平，中世纪数学泰斗秦九韶，北京：科学出版社，2007年，第264-265页。

我们无法看到材料背后所反映的动机，而相反我们从《数书九章》中所看到的是一个忧国忧民、胸怀大志、身体力行，将数学应用于国家建设、行政管理的实践派形象。从这两点来推断，秦九韶的人格形象是被歪曲的，而腐败（如贪财）和腐化（如好色与奢靡等）的某些事实是有可能的。

总体上，一方面，秦九韶在国难当头时忧国忧民，以实际行动投入抗蒙救亡的斗争，始终不向投降派妥协，并且通过《数书九章》全面而系统地提出了自己救国图强的治国思想，表现了当时历史背景下难得的顽强斗争精神。另一方面，他“性极机巧，星象、音律、算术，以至营造等事，无不精究”，是一个才华横溢的人，他以其聪明和才智，赢得了当朝志士仁人的欣赏和推崇（如吴潜就力推秦九韶）。

令人欣慰的是，在秦九韶曾长期生活、学习、工作过的杭州，有不少人崇敬这位古算人。杭州郊区有一座“道古桥”，就是为纪念秦九韶而修的。风雨无情，沧桑巨变，该桥已荡然无存了。但杭州的老人还依稀记得桥的样子，还能说出秦九韶的姓名和身份。

美国哈佛大学首任科学史教授萨顿称赞秦九韶是“他那个民族、他那个时代，甚至所有时代中国最伟大的数学家之一”，肯定了秦九韶的数学贡献。比利时鲁文大学数学系教授李倍始于 1973 年在美国麻省理工学院出版了《十三世纪中国数学》(在西方通过该书了解秦九韶流传更广)，其中主要讨论了秦九韶的《数书九章》。李倍始对于秦九韶关于大衍求一术和高次数值方程的解法等发明作了客观的对比分析，认为大衍求一术的水平名列世界第三位，但从时间来讲是世界第一。因此，李倍始说：“考虑到秦九韶所处的时代，那么，著名科学史家萨顿对秦九韶的赞扬并不为过。”①

从 20 世纪 80 年代以来，我国召开过三次有关秦九韶的国际或全国性学术研讨会。第一次是 1987 年 5 月，在北京师范大学召开了“秦九韶《数书九章》成书 740 周年纪念暨学术研讨国际会议”。会议召开前的 1987 年 4 月出版了吴文俊主编的《秦九韶与〈数书九章〉》论文集。第二次是 2000 年 12 月初，在秦九韶出生地的四川安岳县举行了“秦九韶纪念馆落成暨学术研讨会”。第三次是

① 引自吴文俊主编，秦九韶与〈数书九章〉，北京：北京师范大学出版社，1987 年，第 475-476 页。

2004年4月，在《数书九章》诞生地（亦即秦九韶家居地）的浙江湖州市召开了“全国秦九韶学术研讨会”。

通过近几十年来国内外专家、学者对秦九韶《数书九章》的学术研究，其价值已得到了大家的共识，正如吴文俊院士说：“其能论述全面而富有创造性成就能与《九章算术》相比美者厥唯秦九韶《数书九章》一书。秦书之大衍求一术与增乘开方术，都已成为经典。”[1] 并且，研究者已基本搞清《数书九章》中最主要的数学成就。

总之，秦九韶的《数书九章》的主要数学成就，以及在数学史上的贡献，已得到数学史专家、学者的普遍共识与认可。但对他兴国安邦的治国主张及其思想的研究刚刚开始，本书抛砖引玉，望有更多学者参加研讨。现在对于周密、刘克庄等丑诋秦九韶的不实之词，清代以来已得到很大的平反。但对其人品等方面的认识与评价，还需进一步考证与研究。久被埋名的盖世奇才的秦九韶，开始名播寰宇了。

---

① 引自吴文俊主编，秦九韶与〈数书九章〉，北京：北京师范大学出版社，1987年，序。

参考文献

白尚恕 .2008. 中国数学史研究 . 北京：北京师范大学出版社 .

白寿彝 .1980. 中国通史纲要 . 上海：上海人民出版社 .

陈德华，徐品方 .2007. 中国古算家的成就与治学思想 . 昆明：云南大学出版社 .

陈信传，张文材，周冠文 .1992.《数书九章》今译及研究 . 贵阳：贵州教育出版社 .

郭书春，刘钝 .2001. 算经十书 . 沈阳：辽宁教育出版社 .

秦九韶 .1842. 数书九章 . 北京：中华书局 .

王守义 .1992.《数书九章》新释 . 合肥：安徽科学技术出版社 .

吴文俊 .1987. 秦九韶与《数书九章》. 北京：北京师范大学出版社 .

徐品方，孔国平 .2007. 中世纪数学泰斗秦九韶 . 北京：科学出版社 .

徐品方，张红，宁锐 .2007. 中学数学简史 . 北京：科学出版社 .

徐品方，张红 .2006. 数学符号史 . 北京：科学出版社 .

徐品方 .1992. 数学简明史 . 北京：学苑出版社 .

徐品方 .1998. 初中数学——定理多证，定义多解 . 北京：学苑出版社 .

徐品方 .2000. 秦九韶的《数书九章》. 安岳：秦九韶纪念馆 .

徐品方 .2001. 论秦九韶的治学和数学思想 , 数学史研究 . 第七集 . 呼和浩特：内蒙古大学出版社 . 台北：九章出版社 .

徐品方 .2002. 白话九章算术 . 成都：成都时代出版社 .

徐品方 .2007. 试论秦九韶系文中的治国纲领 . 自然辩证法通讯，(5)：75-78.

附录 1 试论秦九韶系文中的治国纲领①

摘要：本文探讨了秦九韶四言诗句系文中的治国主张，涉及秦九韶进行数学研究的动机问题，值得深入研讨。

关键词：治国纲领 施仁政 国计民生 合理赋税 贪官污吏

[中图分类号]NO.[文献标识码]A[文章编号]1000—0763—（2007）06—0075—04

一、关于秦九韶及其系文

我国南宋时期的数学家秦九韶（1208②—约 1267 年），字道古，生于普州安岳（今四川省安岳县），大约在宝庆二年（1226）“秦九韶……年十八在乡里为义兵首”③。“绍定二年（1229）十月，秦九韶擢县尉④。这就是说，约 21 岁时，秦九韶由义兵首转升为潼川（今四川三台县）府郪县县尉（地方治安官吏）。瑞平二年（1235）七月，“际时狄患，历岁遥塞，不自意全于矢石间”（《数书九章》自序），在四川的秦九韶，遭遇蒙古侵略军入蜀，备受忧患。他无力抵抗，在嘉熙元年（1237）前后，带领“溃卒”离开四川东去。之后，在蕲州（今湖北蕲春）、和州（今安徽和县）先后任通判、地方最高行政长官等⑤，淳祐四年（1244）八月，以通直郎为建康（今江苏南京市）通判⑥。淳祐四年，“十一月丁母忧解官离任”。淳祐七年（1247）秦在为母守孝三年期间，撰写完成今称的《数书九章》巨著。

---

① 此文作者：徐品方，载于自然辩证法通讯，2007 年第 5 期，第 75-78 页。今转载时，略作极少的修改。

② 过去推测为 1202 年或 1207 年或 1209 年出生。近年来，四川安岳杨国选查实是 1208 年 3 月。见杨国选“秦九韶生年及任县尉考”，载《中国科技史杂志》2008 年 4 期。

③ 周密《癸辛杂识续集》卷下。

④ 据杨国选考《郪县志》卷八；明·嘉靖二十九年（1550）。

⑤ 刘克庄《后村先生大全集》卷八十一，“缴秦九韶知临江军奏状”。

⑥ 《景定建康志》卷二十四，官守志 —— 通判厅“东厅题目：秦九韶，直通郎淳祐四年八月到任，十一月丁母忧解官离任”。

以后因仕途不顺，时任职，时而无职待业。

对于秦九韶《数书九章》的成就及其理论价值，经过学术界多年的研究，该书中“有什么数学成就的问题已基本搞清”。对于该书自序后的“且系之曰”，即用押韵的四言诗句写成的9段（章）共136句的系文，一般人认为是该书（共九章）各章内容的纲要，但是“读书须用意，一字值千金”。纵观136句，认真研读、推敲，仔细思考，不难发现，136句四言诗中只有32句（占系文24%）是关于大衍类、测望类的数学问题，而其他的104句（占系文的76%），实质上是秦九韶的治国思想的总纲。这个比例很大，约占系文的四分之三。

秦九韶的系文是在仕途很顺，又经过基层为官的工作实践（包括抗蒙战争），耳闻目睹南宋朝廷对外议和投降，对内剥削压迫人民的情况下写成的。他巧妙地采用系文，有感而发地表达了他的治国主张。可惜，《数书九章》在当时没有刊印，知道的人极少。重要的是他写完该书后，仕途开始不顺，又遭到追随南宋奸相贾似道的刘克庄向皇帝奏状的诬告，还有“填词小说之才”的周密的文章攻击，致使秦九韶名不见史传，他的生卒年代和《数书九章》的书名也成了悬案，更不用说他的治国主张，当朝皇帝、高官和科学界人士都没有读到。

到了清代，始有数学家站出来为他鸣不平，替他翻案。特别是当代，我国召开了三次“秦九韶学术研讨会”，肯定了他的数学成就，包括闪光的数学思想。美国麻省理工学院出版了科学家李倍始（U. Libbrecht）撰写的英文版《十三世纪中国数学》一书中，专设几卷（章）全面介绍了秦九韶著作的价值。美国科学史家萨顿称赞他是“他那个民族，他那个时代，甚至所有时代中国最伟大的数学家之一”。但是在笔者所能读到的所有评价介绍他的文献中，似乎都遗漏了对这篇系文所包含的关于其治国主张的论述。

二、秦九韶系文中的治国主张

该系文用四言古体诗写成，以下拟分几个主题，对其含义进行初步的辨析和探讨。

1．治国纲领

秦九韶在系文中提出了两条治国的总纲领，他说：

惟武图功，惟俭昭德。
有国有家，兹焉取则。

意思是说，唯有用武力抵御外患之功，唯有勤俭节约的美德，才能生财积德。有国家太平，才有家庭安全。这是两条治国的基本原则。显然尚武的观点，跟作者身处南宋时期的外族入侵、战乱不断的亲身体验大有关联。秦九韶认识到，一个国家的国防，是关系到国泰民安的根本。而他的“惟俭昭德”与晚唐诗人李商隐（813—858）《咏史诗》的观点一致，“历览前贤国与家，成由勤俭破（败）由奢”。没有勤俭，则德将不昭，没有基本美德，则既不能保国，更无法持家。因此，“奢侈甚于天灾”。尚武和崇俭，就构成了秦九韶的两条治国总纲。

2．施仁政

“仁”是孔子学说的核心，而《庄子·天地》中也有“爱人利物之谓仁”之说。“仁政”是指统治者对所治之下的普通老百姓的所谓仁慈政治措施。既是措施，就不能流于空泛。秦九韶系文中，有三段集中表达了他对施仁政具体措施的主张。他指出：

魁隗粒民，甄度四海。
苍姬井之，仁政攸在。

这是说百姓虽小，当放首位，应准确测量和度量四海之内农民耕地面积。西周姬氏施行井田制，耕者有其田，老弱妇孺生活有保障，这就是施仁政之所在，而：

惟仁隐民，犹己溺饥。
赋役不均，宁得勿思。

为官者要施仁政，为民着想，就像自己在溺水或挨饿受灾时需要救助那样。如果赋税徭役分配不均、不公平，怎能让老百姓不思考再三。

彼昧弗察，惨急烦刑。
去理益远，吁嗟不仁。

可恨那些横征暴敛的愚蠢统治者却视而不见，急于敛财，还要对纳税人动用酷刑。这离公理越来越远，可叹为官者不仁不义啊！

上述三段表明，秦九韶主张施仁政，反对横征暴敛，不顾人民死活，聚敛财富，使财富集中在极少数人手里，拉大了贫富差距。

怎样施仁政？秦九韶身处封建社会，不可能超越时代的局限，提出根本改变封建社会制度的主张。但他在《数书九章》正文的田域类、赋役类、钱谷类等中，设置了若干数学问题及其解法，说明数学方法是帮助统治者施仁政的有力工具，可以用数学知识管理国家。

3. 国计民生

秦九韶在多段系文中，从多方面提出他的主张，并在正文的田域类、赋役类、营建类、天时类和市物类等中，将数学应用于国计民生的问题和解法。

(1)国家经济问题。国家经济来源于赋税，赋税是维持国家生存的财力来源，但应当“取之有度”。赋税负担应公平合理，因此，秦九韶在《数书九章》正文中，专列一章9题，阐述征赋税的数学问题。在系文中他说：

邦国之赋，以待百事。
畡田经入，取之有度。
未免力役，先商厥功。
以衰以率，劳逸乃同。
汉犹近古，税租以算。
调均钱谷，河菑之扞。

这是说，国家规定征收的赋税，是用来兴办民间百事的。天下之田的征税要依据田亩、人口多少征税，征收应有一个度。徭役虽然可以不免，但应事前先作精细计算，按一定标准和比率分配，才使赋税徭役公平合理负担。汉代距古代不远，他们按田亩好坏计算税租。协调均收的谷和钱，用以河洲开垦地种植庄稼，同时也可用以抵御灾害，防洪抗旱等突发事件。

又说：

物等敛赋，式时府庾。
粒粟寸丝，褐夫红女。

他强调正确执行物品等级纳粮上税，不得压级压价。并按时节存入府库。每粒粮食每寸丝绸都是农夫和工女劳动所得。因此国家要合理征税，管理好财政收入。

显然，秦九韶对南宋统治集团的横征暴敛，豪强地主隐田逃税（当时朝廷大官也都得到许多封地），不管人民死活的行为极为不满，呼吁赋税公平、公正、合理负担，并力图借助数学方法做到这一点。

另外，治理财政收支对一个国家也重要，国家经济，必须管好用好，特别在蒙军压境之时，加强军备，保证国家机器运转。他也提出国家理财主张，他说：

我闻理财，如智治水。
澄源浚流，维其深矣。

听说治理财政的道理，就好像聪明人治水一样。澄清源头再疏通河道，才能维持水深而畅。其实这是治标治本，消除隐患的举措。这与他提出的开源节流，“惟俭昭德”的思想是一致的。

（2）关心人民生活（民生）。我国古代是农业社会，农民占人口的绝大多数，因此秦九韶特别关注农民的衣食住行生活问题。他说：

代远遮蕃，垦菑日广。
步度庀赋，版图是掌。

意思是，随着历史久远和百姓的繁衍，开垦的土地一天天增多，需要测量田亩，整治赋税，至关重要的是掌握户籍和地图。因为准确计算与掌握这些耕田面积，对国家和农民都有利，国家合理征税，可保障农民生活。

秦九韶在此和下面提出了测算田地的方法及其重要性，并在正文中列出他为官时经历的田地测算实例的一些题目和计算方法，读之如坐春风，一目了然。

方圆异状，斜窳殊形。
叀术精微，孰究厥真。

田地形状，方圆各异，有斜和不规则各种形状。测量技术非常精深，只有精心研究操作才能不差毫分。

又指出：

差之毫厘，谬乃千百。
公私共弊，盖谨其籍。

耕地面积若测量和计算时，差之毫厘，结果就会谬之千里。于公于私都是大弊，测算田籍，征收赋税，应当小心仔细。

秦九韶除关心农民吃饭问题外，还关注居者住房。他提出国家在营建城池时，要精心设计，降低成本，使人人有住房。他认为：

斯城斯池，乃栋乃宇。
宅生寄命，以保以聚。

座座城池，幢幢房屋。是百姓生存托命的居所，居者有其屋，用以保全和聚居的地方。

4．节俭治国，反对浪费

对于国家建设，应该合理规划、精心设计、不铺张浪费，特别是当时防御外患所修的城墙，是一项巨大工程，所需人力、财力不少。他认为：

鸿功雉制，竹个木章。
匪究匪度，财蠹力伤。

就是说，城墙建筑工程宏大，都是用竹木按规章建成。如果不精心规划、营造和计算，就会劳民伤财，浪费财力。

他还引经据典，举出古代工程建设，精心规划、设计的成功经验的例子，启示世人，节俭治国，他说：

围蔡而栽，如子西素。
匠计灵台，俾汉文惧。

前两句是一个历史典故，见《左传》哀公元年（鲁哀公元年，即公元前494年），说楚昭王领兵包围蔡国国都，离城一里构筑堡垒，宽一丈，高加倍，役夫屯驻九昼夜，这是采纳子西（楚臣）的最节省的建筑计划，取得胜利。后两句说，汉代工匠设计的祭祀灵台需要百金，汉文帝（历史上节约的皇帝）惧其造价昂贵下令作罢。显然，国家建设，关键在为官者的把关。

5．反对奸商牟利

关于商贾贸易，可以促进商业发达，增加国家税收，满足人民生活所需。他反对商人逐利，富商囤积居奇，牟取暴利，损害消费者的利益。他说：

日中而市，万民所资。
贾贸墆鬻，利析锱铢。
蹛财役贫，封居低首。
逐末兼并，非国之厚。

晌午的市场热闹，那是万民日常生活的需要。商人贸易无限积蓄财富，一分一厘他们都会斤斤计较。奸商暴利，富商囤积居奇，奴役贫民，封疆官吏也向他们点头赔笑。商人舍本求末（因为古代啊以农业为本务，商贾为末务，即逐末），兼并财富，这绝不是国家财力雄厚的体现。

6．重视天文历法的改革

我国古代各朝代，都重视天文历法、雨雪测量等天文气象，它直接关系到农业收成，是人民和国家的生命线之一。他说：

七精回穹，人事之纪。
追缀而求，宵星昼晷。
历久则疏，性智能革。

不寻天道，模袭何益。
三农务穑，厥施自天。
以兹以生，雨膏雪零。
司牧闵焉，尺寸验之。
积以器移，忧喜皆非。

他认为，七大行星，苍穹回旋，是人世间事务的纲纪。为了追索和探求天象的轨迹，白天日影测量，夜里看星座。历法用久了就会发现误差，聪明的历算家就得改革旧历。如果不去实际观测天体，探索自然规律，只会模仿因袭又有何益。农民辛劳的耕种收获，在很大程度上还是要靠天。庄稼要滋养才能生长，离不开阳光雨露和雪水。农业官员忧虑着天文气象，他们用器皿测量雨雪和降水量。不同器皿会测出不同结果，积满了水再换一个器皿，不必有时测之忧，有时测之喜，而应心态平常。他在书的正文中，列出上述内容的 9 个应用题。

7. 反对议和投降，加强国防建设

在宋朝，以皇帝及其奸臣为首的内外政策是：对外议和和反战，打击主张抗战的文武官员，对内任用奸佞小人残酷压迫剥削人民。秦九韶对此专设一章"军旅类"，列出 9 个数学题及其解法，结合他抗蒙战争的实践，将数学方法用于备战抗敌的国防建设，他主张：

天生五材，兵去未可。
不教而战，维上之过。
堂堂之阵，鹅鹳为行。
营应规矩，其将莫当。
师中之吉，惟智仁勇。
夜算军书，先计攸重。
我闻在昔，轻则寡谋。
殄民以幸，亦孔之忧。

这是说，一个国家的军队就像金、木、水、火、土五种天然物质一样，决不能解除自己的武装。军队不训练就去打仗，这是将帅的严重过错。阵容堂堂正正，军队排成鹅鹳行列。打仗阵容、军营布阵应当有规矩，才使无人可挡。军队打仗要取得胜利，全靠官兵的智、仁、勇。将帅夜读兵书，认真运筹，讲究谋略。我听说过去军事训练，存在轻敌与寡谋。议和不抵抗，不爱惜民众生命而侥幸求胜苟安，真令人担忧，也是孔子所忧虑的。

8．反对贪官污吏

南宋被蒙古军队所灭的主要原因，除去皇帝昏庸无能、任用奸臣外，重要的一条是，当时朝廷许多官吏，普遍以权谋私，贪赃枉法，行贿受贿，敲诈勒索，挥霍财富，腐化堕落，秦九韶在系文中说：

商征边余，后世多端。
吏缘为欺，上下俱殚。

这是说，官府征税，后世发生过许多种弊端。贪官污吏借此欺诈百姓，使得朝廷和百姓都害怕。又如前面“施仁政”中所说“彼昧弗察，惨急烦刑”。可恨那些贪官污吏，急于敛财，还要采取威胁或酷刑对待纳税人。

三、结语

秦九韶之所以在其系文中用很大的篇幅提出治国主张，在一定程度上反映了他投身数学研究的动机。这就是他认为数学不是如同一般文人墨客所沉溺于琴棋书画那样的个人修身养性、自得其乐的玩物，而是可以用来济世报国、学以致用的有力工具。对中国古代科学家进行科学研究工作动机的研究，应当是中国科学史研究的一个重要问题。

当然，秦九韶的系文，也表明了他作为一个传统知识分子的爱民爱国情怀，与他在自序中的数学思想相互辉映，值得称颂。

参考文献（本文）

秦九韶 . 数书九章序 [M]. 北京：中华书局，1985.
查有梁等 . 杰出数学家秦九韶 [M]. 北京：科学出版社，2003.
周光瀚 . 秦九韶《数书九章系词》赏析 [J].“全国秦九韶学术研讨会，论文交流”, 2004.
徐品方 . 从系文看秦九韶的治国主张 [J]. 石家庄“第二届全国数学与数学教育研讨会”论文 , 2007.

附录 2 《数书九章》原序与今译[①]

秦九韶为《数书九章》写的序是科学与文学结合的杰作，体现了他的独到见解。原序为两部分，先“文”（约 670 字）后“诗”（又称“系文”，约 590 字）。为了让读者全面领会秦九韶的思想，现给出序的全文并逐句翻译。其中的“文”为一整段，这里分成若干段，以便叙述，对照译出。

《数书九章》原序与今译对照表

原　序	今　译
周教六艺[②]，数实成之。学士大夫，所从来尚矣。其用本太虚生一，而周流无穷。大则可以通神明，顺性命；小则可以经世务，类万物。讵[③]容以浅近窥哉？	周代学校的教育内容有六种技艺，数学是其中之一。学者和官员们从来就重视数学这门学问。因为万物由一而生，数学用途无穷。从大处说，数学可以认识自然，理解人生；从小处说，数学可以筹划有关国计民生的日常事务，分类万物。怎能说数学是一门浅近的学问呢？
若昔推策以迎日，定律而知气。髀矩[④]浚川，土圭[⑤]度晷。天地之大，囿焉而不能外，况其间总总者乎？	过去，历算家用筹计算一日的长短，确认自然规律，推测节气变化用标杆和角尺测量山高河宽，立圭表测日影（以定时刻与节气）。宇宙如此之大，尚不能置于数学之外，世间万物又怎能离开数学呢？

① “今译”参考了周冠文等著，数书九章今译及研究；查有梁等著，杰出数学家秦九韶；以及周瀚光的交流论文“科学思想与文学创作的绝妙结合”。这里，又在徐品方、孔国平，中世纪数学泰斗秦九韶，北京：科学出版社，2007 年，第 281-294 页的基础上修改而成。

② “六艺”，指礼、乐、射、御、书、数。

③ “讵”，音“巨 jù”，怎能。

④ “髀”，音“必 bì”，古时的标杆；矩，直角尺。

⑤ “土圭”，即圭表，测日影的仪器。

续表

原　　序	今　　译
爰[①]自河图洛书，闿[②]发秘奥；八卦[③]、九畴[④]，错综精微；极而至于大衍、皇极之用。而人事之变无不该，鬼神之情莫能隐矣。圣人神之，言而遗[⑤]其粗；常人昧之，由而莫之觉。要其归，则数与道非二本也。	于是自河图、洛书开启数学的奥秘；八卦、九畴在解决错综复杂问题时显示了数学的精细、微妙；在《大衍历》和《皇极历》的计算应用中，数学的作用发挥到了极致。数学对于人世间事物的变化无不包括，连鬼神的情况也能披露。圣人对数学很敬重，只讲了数学的精髓而未讲一般；所以常人不太明白，行动中觉察不出数学的作用。究其原因，是数学规律（即数）与客观事物运动的规律（即道）是一致的。
汉去古未远，有张苍、许商、乘马延年、耿寿昌、郑（元）[⑥]、张衡、刘洪之伦，或明天道，而法传于后；或计功策，而效验于时。	汉代离上古不远，有张苍（公元前2世纪）、许商（公元前1世纪）、乘马延年（公元前1世纪）、耿寿昌（公元前1世纪）、郑玄（2—3世纪）、张衡（78—139）、刘洪（2—3世纪）等科学家。这些人有的精通天文，将算理算法传于后世；有的长于用筹运算，当时就能收到成效。
后世学者自高，鄙之不讲，此学殆绝。惟治历畴人，能为乘除，而弗通于开方衍变。若官府会事，则府吏一二累[⑦]之。算家位置，素所不识，上之人亦委而听焉。持算者惟若人，则鄙之也宜矣。	后世的某些学者自高自大，看不起数学，而不予讲解传授，一些数学内容几乎失传。只有编制历法的学者懂得乘除运算，而对高深的开方运算和大衍等术就不通晓了。他们认为官府的会计事务，只需要少数人懂得加减计算就行了。这些人连数学家的地位和作用都不懂，为官之人居然还任用他们，听他们的。如果只有这些人研究数学，那么数学受到鄙视也就顺理成章了。
呜呼！乐有制氏，仅记铿锵，而谓与天地同和者止于是，可乎？	唉！制造乐器的人，仅仅拨弄出乐器的声音，就说这是与天地和谐的美妙乐章，行吗？

① “爰”，音援 yuàn，于是。

② “闿”，音凯 kǎi，开启。

③ “八卦”，是《周易》中一套有象征意义的符号，“一”表示阳爻，“- -”代表阴爻。三个这样的符号组成八种形式，叫八卦。

④ “九畴”，泛指九种治理天下大法。这里指《九章算术》中的九种算法，即方田、粟米、衰（音崔 cuí）分、少广、商功、均输、盈不足、方程、勾股。

⑤ “遗”，音谓 wèi，给予，赠送（与）。

⑥ “郑（元）”指郑玄（127—200），东汉经学家、数学家、天文学家。玄，《宜稼堂丛书》本避康熙帝讳改作“元”。此依《四库全书》本。

⑦ “累”，读磊 lěi，堆积。此译为加减计算。

续表

原　序	今　译
今数术之书，尚三十余家。天象历度，谓之缀术；太乙壬甲，谓之三式[①]，皆曰内算，言其秘也。九章所载，即周官九数。系于方圆者为叀[②]术，皆曰外算，对内而言也。其用相通，不可岐二。	当今数学之书，有30余家。研究天文历法的计算方法，称为缀术；太乙、六壬和遁甲称为三式，这些统称为内算，其算法是保密的。《九章算术》一书的内容，即《周礼》所言“九数”。有关测量和计算方、圆等图形的方法，统称外算，这是对内算而言的。内算与外算在应用上相通，不可看作两种截然不同的算法。
独大衍法[③]不载九章，未有能推之者。历家演法颇用之，以为方程者误也。	唯独“大衍法”没有载入《九章算术》，也没有人能将其推导出来。历算学者在演算时常用此法，有人认为是“方程术”，这是不对的。
且天下之事多矣，古之人先事而计，计定而行，仰观俯察，人谋鬼谋，无所不用其谨。是以不愆[④]于成，载籍章章可覆[⑤]也。	天下之事太多了，古人在事前制订计划，谋划妥当后再行动。他们仰观天文、俯察地理，经过缜密的思考分析，严谨地采取各种方法。取得成果后，他们会不失时机地用文字记载下来，以便后人察看。
后世兴事造始，鲜能考度，浸浸乎天纪人事之淆缺矣。可不求其故哉?	后人做事时往往从头开始，很少考虑前人的成果。研究自然和人事的过程中不时出现混乱和缺少根据的现象。难道我们不该对前人的成果研究一番吗?
九韶愚陋，不闲于艺。然早岁侍亲中都[⑥]，因得访习于太史，又尝从隐君子受数学。际时狄患，历岁遥塞，不自意全于矢石间。尝险罹忧，荏苒十祀，心槁[⑦]气落，信知夫物莫不有数也。乃肆意其间，旁诹[⑧]方能，探索杳渺，粗若有得焉。	九韶愚昧浅陋，但学习“六艺”不曾偷闲。年轻时随父到过中都，得到了向天文台历算家学习的机会，还曾从师于隐居的学者学习数学。那时，蒙古军队入侵四川，长年生活在遥远的边塞，无奈处于连续的战乱之中。品尝艰险，历经忧患，渐渐度过了十年光阴，心灰意冷，元气失落，终于悟出世界万物都与数学有关的道理。于是很有兴趣地置身数学之中，向周围有学问的能人请教，探索数学之精微，初步取得了一些成果。

① “太乙”和“甲”分别为古代数术流派之一。“壬”，指占卜吉凶方法之一。
② “叀”，音专 zhuān。叀术即测量方位及其地形之高、深、远的方法。
③ 秦九韶将自己创立的今称一次同余式组解法称为大衍法。
④ “愆”，音千 qiān，错过。
⑤ “覆”，意为察看。
⑥ “中都”，指南宋京都临安，今杭州市。
⑦ “槁”，音稿 gǎo，枯木，死。
⑧ “诹”，音邹 zōu，询问。

续表

原　　序	今　　译
所谓通神明，顺性命，固肤末于见；若其小者，窃尝设为问答，以拟于用。积多而惜其弃，因取八十一题，厘为九类，立术具草，间以图发之。	在认识自然，理解人生方面的大者，本人肤浅，未有所得；对于数学在有关国计民生日常事务的小者，我尝试以问答的形式，用于实际。历经多年的积累，我怕一旦丢失，太可惜了，便挑选81个问题，分为九类。对每一题给出解法和演算过程，有的题还用图说明。
恐或可备博学多识君子之余观，曲艺可遂也。愿进之于道，倘曰艺成而下，是惟畴人府吏流也，乌足尽天下之用，亦无瞢焉。时淳祐七年九月鲁郡秦九韶叙。	倘若我的这些作品可供博学多识的人士业余阅读，我研究数学的目的就间接达到了。我愿将数学提升到哲理的高度。如果有人说，数学方面有了成果也是下品，不过是历算学者及小官员使用的东西，不能满足社会的需要。我认为也不会使本书黯然失色。南宋淳祐七年九月鲁郡秦九韶序。

用诗写的序文对照翻译

原　诗	译　文
且系之曰：	且附系文（诗）如下：
昆仑磅礴， 道本虚一。 圣有大衍， 微寓于易。	巍巍昆仑，气势磅礴， 自然规律与数学统一。 圣人发明了大衍之数， 把它微妙地藏于《周易》里。
奇余取策， 群数皆捐。 衍而究之， 探隐知原。	只取奇数和余数的算筹， 其他数可以忽略不计。 通过数字的推演和研究， 探索未知，方知原因。
数术之传， 以实为体。 其书九章， 惟兹弗记。	数学理论的流传， 以实际作为载体。 《九章算术》那样的名著， 却没有大衍术的记载。
历家虽用， 用而不知。 小试经世， 姑推所为。 述大衍第一。	历算家虽知使用大衍术， 可他们只会运用而不懂原理。 我现在尝试向社会作出解释， 姑且推演出它的内在玄机。 此章称为“大衍”，列为第一。
七精回穹， 人事之纪。 追缀而求， 宵星昼晷。	七大行星，苍穹回旋， 是人世间事务的纲纪。 为了追索和探求天象的轨迹， 夜看星座而白天使用日晷之器。
历久则疏， 性智能革。 不寻天道， 模袭何益。	历法用久了就会出现误差， 聪明的人能够改革旧历。 如果不去探索自然规律， 只会模仿和因袭又有何益？
三农务穑①， 厥施自天。 以滋以生， 雨膏雪零。	农夫辛勤地耕种收获， 很大程度上还要靠天。 庄稼得到了滋养才能生长， 离不开雨露和雪水浇灌。

① “穑”，音色 sè，收割庄稼。

续表

原　诗	译　文
司牧闵焉， 尺寸验之。 积以器移， 忧喜皆非。 述天时第二。	农业官员忧虑着天文气象， 用器皿检测雨雪之量。 不同器皿会测出不同结果， 不必时忧时喜，而应心态平常。 此章称为“天时”，列为第二。
魁隗粒民， 甄度四海。 苍姬井之， 仁政攸在。	百姓虽小，当放首位， 应考察和度量好四海之内的耕地。 西周姬氏施行井田制， 就是仁政之所在。
代远遮蕃， 垦菑①日广。 步度庀②赋， 版图是掌。	随着历史久远和百姓的繁衍， 开垦的土地一天天增多。 要测量田亩，整治赋税， 至关重要的是掌握户籍和地图。
方圆异状， 斜窳③殊形。 吏术精微， 孰究厥真。	田地形状，方圆各异， 有斜、不规则各种形貌。 测量技术非常精深， 谁能精心操作，不差毫分？
差之毫厘， 谬乃千百。 公私共弊， 盖谨其籍。 述田域第三。	测量和计算差之毫厘， 结果就会谬之千里。 于公于私都是大弊， 测田征税应认真仔细。 此章称为“田域”，列为第三。
莫高匪山， 莫浚匪川。 神禹奠之， 积矩攸传。	山没有不高的， 河没有不深的。 大禹创立测量之法， 通过工具得以流传。
知创巧述， 重差夕桀④。 求之既详， 揆之罔越。	智慧的创造，巧妙的方法， 就是“重差术”和“夕桀术”。 求解之法，详尽周全， 测算精确，无法超越。

① “菑”，音孜 zī，初耕的土地。
② “庀”，音匹 pǐ，治理，具备、备办。
③ “窳”，音雨 yǔ，坏。
④ “夕桀”，用表测望目的物的方法。

续表

原诗	译文
崇深广远， 度则靡容。 形格势禁， 寇垒仇墉。	无论是高、深、广、远， 都可进行测望与度量。 哪怕是形势险峻不可到达， 或是敌方营垒和城墙。
欲知其数， 先望以表。 因差施术， 坐悉微渺。 述测望第四。	要想知道高深远广是多少， 先要用标杆测望。 根据两次测望之差进行计算， 便可知道目标的精确数量。 此章称为“测望”，列为第四。
邦国之赋， 以待百事。 畡[1]田经入， 取之有度。	国家规定征收的赋税， 是用来兴办民间百事的。 天下之田的常规赋税收入， 征收应有一个适当的尺度。
未免力役， 先商厥功。 以衰以率， 劳逸乃同。	徭役虽然可以不免， 但应事前进行精细计算。 按一定标准和比率分配， 才能使赋税徭役公平负担。
汉犹近古， 税租以算[2]。 调均钱谷， 河菑之扦[3]。	汉朝距古代不远， 他们懂得税租计算。 协调均收的钱和谷， 用以河洲开垦地种植庄稼。
惟仁隐民， 犹己溺饥。 赋役不均， 宁得勿思。 述赋役第五。	为官者要施仁政，为民着想， 就好像自己溺水或挨饿。 如果赋税徭役分配不均， 怎不让人思虑再三！ 此章称为“赋税”，列为第五。
物等敛赋， 式时府庾[4]。 粒粟寸丝， 褐夫红[5]女。	按物品的等级纳粮上税， 然后按时节存入府库。 每粒粮食每寸丝绸， 都是农夫和工女劳动所得。

① “畡”，音该 gāi，九州之田或四方扩大土地。
② “算”是汉代赋税的名称，以算为单位计算赋税。
③ “扦”，音千 qiān，插。又说此处为“捍”或扞，捍卫、抵御。
④ “庾”，音禹 yǔ，露天的谷仓。
⑤ “红”，音功 gōng，汉时指女子所做缝纫、刺绣等工作，也作“女工”。

续表

原诗	译文
商征边籴， 后世多端。 吏缘为欺， 上下俱殚。	官府征集边防军粮， 后世发生过多种弊端。 官吏们借此欺诈百姓， 使得朝廷和人民都害怕。
我闻理财， 如智治水。 澄源浚流， 维其深矣。	我听说治理财政的道理， 就好像聪明人治水一样。 澄清源头再疏通河道， 才能维持水深而畅。
彼昧弗察， 惨急烦刑。 去理益远， 吁嗟不仁。 述钱谷第六。	那些愚蠢的人没有明察， 急于敛财还要动用酷刑。 离公理越来越远， 可叹为官者不仁！ 此章称为“钱谷”，列为第六。
斯城斯池①， 乃栋乃宇。 宅生寄命， 以保以聚。	座座城池， 幢幢房屋。 百姓生存托命的场所， 用以保全和聚居。
鸿功雉制②， 竹个木章。 匪究匪度， 财蠹力伤。	城墙建筑工程宏大， 都是用竹木按规章建成。 如果不精心规划和计算， 就会劳民伤财。
围蔡而栽， 如子西素③。 匠计灵台， 俾汉文④惧。	（楚昭王）围困蔡国国都时构建堡垒， 是采纳了子西的建议。 汉代工匠设计灵台要百金， 汉文帝惧其造价昂贵下令作罢。
惟武图功， 惟俭昭德。 有国有家， 兹焉取则。 述营建第七。	唯有武力才能夺取战功， 唯有节俭才能昭示美德。 有国家太平，才有家庭安全， 这两条都是基本准则。 此章称为“营建”，列为第七。

① “池”，即护城河。
② “雉制”，指古代的城墙制度。计算城墙面积的单位，高一丈长三丈为一雉。
③ “子西”为楚臣，“素”指写有文字的白绢。
④ “汉文”指汉文帝，是历史上有名的节俭皇帝之一。

续表

原　诗	译　文
天生五材， 兵去未可。 不教而战， 维上之过。	如同自然界有金木水火土， 国家必须有军队。 不训练就去打仗， 则是将帅的过错。
堂堂之阵， 鹅鹳为行。 营应规矩， 其将莫当。	阵容堂堂正正， 军队排成鹅鹳阵行列。 军营布置应有规矩， 那将无人可以抵挡。
师中之吉， 惟智仁勇。 夜算军书， 先计攸重。	军队打仗要取得胜利， 全靠官兵的智、仁、勇。 夜读兵书，认真运筹， 首先要讲究谋略。
我闻在昔， 轻则寡谋。 殄民以幸， 亦孔之忧。 述军旅第八。	我听说过去的军事教训， 在于轻敌和少谋。 不爱惜民众生命而侥幸求胜， 也是孔子所忧虑的。 此章称为“军旅”，列为第八。
日中而市， 万民所资。 贾贸墆鬻[①]， 利析锱铢。	晌午的市场热闹， 那是万民生活的需要。 商人积蓄或出售货物， 一分一厘都要斤斤计较。
蹛[②]财役贫， 封君低首。 逐末兼并， 非国之厚。 述市易第九。	奸商囤积财物奴役贫民， 封疆大吏也向他们点头赔笑。 商贾经商发财兼并财富， 并非国家财富雄厚的体现。 此章称为“市易”，列为第九。

① “贾”，音古 gǔ，商人；“墆”，音滞 zhī，也作滞，贮积；“鬻”，音育 yù，卖。
② “蹛”，音滞 zhì，囤积。